G.-H. NIEWENGLOWSKI

CHIMIE

DES

MANIPULATIONS PHOTOGRAPHIQUES

—

PHOTOTYPE NÉGATIF

GAUTHIER-VILLARS

MASSON ET Cie

ENCYCLOPÉDIE SCIENTIFIQUE DES AIDE-MÉMOIRE

COLLABORATEURS

Section de l'Ingénieur

MM.

Alain-Abadie.
Alheilig.
Ariès (Comm^t).
Armengaud jeune.
Arnaud.
Barillot.
Bassot (G^{al}).
Baume-Pluvinel (dela)
Bérard (A.).
Bergeron (J.).
Berthelot.
Bertin.
Bertrand (L.)
Biglia.
Billy (Ed. de).
Bloch (Fr.).
Blondel.
Boire (Em.).
Bordet.
Bornecque.
Boucheron (H.).
Bourlet.
Boursault (H.)
Boussac (A.)
Candlot.
Caspari.
Charpy (G.).
Clerc (L.-P.).
Clugnet.
Croneau.
Damour.
Dariès.
Defforges (Lt-Col.).
Delafond.
Drzewiecki.
Dudebout.
Dufour (A.).
Dumont (G.).
Duquesnay.
Durin.
Dwelshauvers-Dery.
Fabre (Ch.).
Fabry.
Fourment.
Fribourg (C^l).
Frouin.
Gages (Cap.)
Garnier.

MM.

Gassaud.
Gastine.
Gautier (Henri).
Godard.
Gossot (L^t-C^l).
Gouilly.
Grouvelle (Jules).
Guenez.
Guye (C. Eug.).
Guye (Ph.-A.).
Guillaume (Ch.-Ed.).
Guyou (Comm^t).
Haller (A.).
Hatt.
Hébert.
Hennebert (C^l).
Henriet.
Hérisson.
Hospitalier (E.).
Hubert (H.).
Hutin.
Jacométy.
Jacquet (Louis).
Jaubert.
Jean (Ferdinand).
Labbé (H.).
Launay (de).
Laurent (H.).
Laurent (P.).
Laurent (Th.).
Lavergne (Gérard).
Léauté (H.).
Le Chatelier (H.).
Lecornu.
Lecomte.
Lefèvre (J.).
Lejeal.
Leloutre.
Lenicque.
Le Verrier.
Lindet (L.).
Lippmann (G.).
Loppé.
Lumière (A.).
Lumière (L.).
Madamet (A.).
Magnier de la Source.
Marchena (de).

MM.

Margerie.
Meyer (Ernest).
Michel-Lévy.
Minel (P.).
Minet (Ad.).
Miron.
Moëssard (C^l).
Moissan.
Moissenet.
Monnier.
Moreau (Aug.).
Müller (Ph. T.).
Niewenglowski (G. H.).
Naudin (Laurent).
Ocagne (d').
Otto (M.).
Ouvrard.
Paloque.
Périssé (L.).
Perrin.
Perrotin.
Picou (R.-V.).
Poulet (J.).
Prud'homme.
Rateau.
Resal (J.).
Ricaud.
Rocques (X.).
Rocques-Desvallées.
Rouché.
Sarrau.
Sartiaux (E.).
Sauvage.
Seguela.
Seyrig (T.).
Sidersky.
Simart.
Sinigaglia.
Sorel (E.).
Trillat.
Urbain.
Vallier (Comm^t).
Vermand.
Viaris (de).
Vigneron.
Vivet (L.).
Wallon (E.).
Widmann.
Witz (Aimé).

ENCYCLOPÉDIE SCIENTIFIQUE

DES

AIDE-MÉMOIRE

PUBLIÉ

SOUS LA DIRECTION DE M. LÉAUTÉ, MEMBRE DE L'INSTITUT

NIEWENGLOWSKI — Chimie des Manipulations photographiques, I — 1

ENCYCLOPÉDIE SCIENTIFIQUE DES AIDE-MÉMOIRE

ENCYCLOPÉDIE SCIENTIFIQUE

DES

AIDE-MÉMOIRE

PUBLIÉ

SOUS LA DIRECTION DE M. LÉAUTÉ, MEMBRE DE L'INSTITUT

Nº 238 B

ENCYCLOPÉDIE SCIENTIFIQUE DES AIDE-MÉMOIRE

PUBLIÉE SOUS LA DIRECTION

DE M. LÉAUTÉ, MEMBRE DE L'INSTITUT.

CHIMIE

DES

MANIPULATIONS PHOTOGRAPHIQUES

PHOTOTYPE NÉGATIF

PAR

G.-H. NIEWENGLOWSKI

Préparateur de chimie à la Faculté des Sciences de Paris
Directeur du journal *La Photographie*

PARIS

GAUTHIER-VILLARS, | MASSON et Cie, ÉDITEURS,
IMPRIMEUR-ÉDITEUR | LIBRAIRES DE L'ACADÉMIE DE MÉDECINE
Quai des Grands-Augustins, 55 | Boulevard Saint-Germain, 120

CHIMIE

DES

MANIPULATIONS PHOTOGRAPHIQUES

—

PHOTOTYPE NÉGATIF

CHAPITRE PREMIER

—

NOTIONS DE PHOTOCHIMIE ([1])

1. — Le nombre des réactions que peut provoquer la lumière est considérable ; certaines sont fort anciennement connues : ainsi la destruction, sous l'action prolongée des rayons solaires, de plusieurs matières colorantes (souvent : oxydation aux dépens de l'air, c'est-à-dire fixation de l'oxygène de l'air sur la matière colorante). Les premiers phénomènes observés scientifiquement furent ceux relatifs aux sels d'argent (1780-1802). On a reconnu depuis que les phéno-

---

([1]) Ce chapitre est extrait du tome I de la *Chimie du Photographe* de MM. L.-P. Clerc et G.-H. Niewenglowski. Pour plus amples détails, voir :

A. DE LA BAUME-PLUVINEL. — *La théorie des procédés photographiques* ; un volume de l'Encyclopédie scientifique des Aide-mémoire.

mènes photochimiques sont extrèmement variés.

La modification la plus simple que puisse réaliser la lumière est la transformation allotropique (¹) d'un corps de l'un en l'autre de ses états : ainsi le phosphore blanc se transforme, au moins superficiellement, par exposition prolongée à la lumière, en phosphore rouge. De même, le soufre, le sélénium voient leurs propriétés physiques se modifier sous l'influence de la lumière.

En ce qui concerne les modifications chimiques proprement dites, une expérience fréquemment répétée dans les cours de chimie est la combinaison explosive, par exposition brusque à une vive lumière, des deux gaz hydrogène et chlore préalablement mélangés dans l'obscurité, et dont l'union fournit alors le gaz acide chlorhydrique. Dans l'air, le protoxyde, le sulfure de plomb s'oxydent et passent à l'état de minium, de sulfate. Ce phénomène d'oxydation dans l'air, sous l'influence de la lumière, est assez fréquent en chimie organique ; en outre de l'oxydation des matières colorantes signalée ci-dessus, mentionnons, comme utilisée en photogravure, l'insolubilisation du bitume de Judée (Niepce).

Mais, en général, les réactions photochimiques sont surtout des décompositions : quand il existe plusieurs séries de sels d'un même métal, l'expo-

---

(¹) *La Photographie*, 9ᵉ année, nᵒ 1, 1ᵉʳ janvier 1897, p. 10.

sition à la lumière d'un sel *au maximum* (dans lequel la proportion des éléments O, Cl, Br... est maxima) tend, le plus souvent, à donner le sel *au minimum* correspondant, en même temps que l'excès des autres éléments se dégage, ou se porte, pour s'y combiner, sur les substances avides d'oxygène, de chlore... (corps *réducteurs*), que l'on a ajoutées au sel pour faciliter sa décomposition ; quelquefois même le métal est mis en liberté. C'est ainsi qu'une dissolution ferrique abandonnée à la lumière solaire passe à l'état de solution ferreuse ; de l'oxygène se dégage ; on rend plus rapide la transformation en ajoutant un corps auquel s'unira l'oxygène (acide tartrique : conservation des solutions d'oxalate ferreux). Les sels cuivriques passent à l'état de sels cuivreux ; les sels argentiques forment successivement un sel argenteux, puis l'argent libre ; les sels de platine, d'or, donnent le métal libre. (Certaines de ces réactions n'ont lieu qu'en présence d'un réducteur).

2. — On doit remarquer qu'une réaction photochimique n'est pas indifféremment provoquée par toute radiation quelle qu'elle soit ([1]) : à chaque phénomène particulier correspond, en général, une radiation ou un groupe de radiations, voisines ou non, seules susceptibles de provoquer

---

[1] G.-H. Niewenglowski. — *Notions d'Optique photographique.*

la réaction, ou tout au moins beaucoup plus
actives. Quelquefois même deux radiations différentes peuvent produire deux phénomènes oppo-
sés : ainsi, tandis que les radiations bleues et
violettes font passer un sel ferrique à l'état de sel
ferreux, les radiations rouges, au contraire,
amènent un sel ferreux à l'état de sel ferrique.
Si, par action de la lumière blanche, c'est la première réaction qui est seule observée, ceci tient à
ce que, celle-ci étant plus rapide, il est impossible à l'autre de se manifester. Claudet a observé
un phénomène analogue dans la formation de
l'image daguerrienne.

Le plus souvent les seules radiations actives
sur un corps ou un mélange de corps sont celles
absorbées ; si l'on fait arriver, sur un mélange de
chlore et d'hydrogène, un faisceau de lumière qui
a d'abord traversé deux longs tubes, l'un plein
de chlore, l'autre d'hydrogène (faisceau dans lequel sont, par conséquent, absentes les radiations absorbables par le mélange), on ne peut
constater aucune réaction, quoique la lumière
arrivant au mélange soit, physiologiquement
parlant, très intense.

C'est par suite de ce fait que l'addition d'une
matière colorante à un mélange susceptible de
réaction peut, dans certains cas, permettre à une
lumière inactive en temps normal, mais qu'absorbe le colorant, de provoquer la réaction attendue
(principe élémentaire de l'*orthochromatisme*).

CHAPITRE II

—

L'INSOLATION

3. — La photographie utilise surtout l'action de la lumière sur trois sels d'argent : les chlorure, bromure et iodure (*sels haloïdes*), corps de propriétés assez voisines. Ces sels, insolubles dans l'eau, comme aussi d'ailleurs dans tout dissolvant *physique*, sont toujours obtenus par double décomposition entre un sel soluble d'argent (en général l'azotate) et un chlorure, bromure ou iodure solubles, pouvant être éliminé par lavages.

4. – – Le chlorure d'argent, exposé pur à la lumière, prend une teinte violacée de plus en plus foncée, bientôt noire, par suite de la transformation au moins superficielle du chlorure (*chlorure argentique*) en un composé mal défini, moins riche en chlore, peut-être un sous-chlorure (*chlorure argenteux* d'après Carey Lea). Cette décomposition, très endothermique, est grandement facilitée par la présence d'une substance capable d'absorber le chlore ainsi libéré, en particulier un très faible excès du sel soluble d'argent.

Le bromure pur brunit aussi par exposition à la lumière, mais acquiert une teinte beaucoup moins foncée que le chlorure ; l'iodure pur ne subit aucune modification visible, mais, en présence d'un excès du sel soluble d'argent, arrive à une teinte gris faible.

5. — Pour les usages photographiques, le sel haloïde d'argent ne peut être employé seul ; ses grains, aussi fins et aussi rapprochés que possible, sont toujours disséminés dans une couche mince d'albumine, de collodion ou de gélatine (*substratum*) étendue, soit sur support rigide (plaque) : verre, métal..., ou souple (pellicule) : mica, celluloïd, papier... destiné à en faciliter le maniement. Dans ce mélange d'une matière organique et du sel d'argent (*émulsion*), il est impossible de n'attribuer au substratum qu'un rôle mécanique, celui de fixer et de retenir à la surface du support les grains du sel d'argent ; on doit, au contraire, admettre l'existence de combinaisons (¹), mal définies et peu étudiées, il est vrai, entre le sel d'argent et la matière organi-

---

(¹) Le phénomène de la maturation justifie l'hypothèse d'une combinaison organico-argentique. L'émulsion utilisée sitôt après sa préparation serait d'une sensibilité très médiocre. Abandonnée pendant quelques jours à une douce température (30-35°), la teinte de l'émulsion passe au jaune verdâtre clair, la préparation devient dès lors d'une sensibilité extrême (Bennett, 1878). Le même résultat peut être atteint

que du substratum (le type de ces combinaisons
organico-argentiques serait alors ce que l'on a
nommé *gélatino-bromure d'argent*). En particulier, le noircissement à la lumière de ces combinaisons est considérablement plus lent si l'on
évite tout excès du sel soluble d'argent (précaution nécessaire si l'on veut assurer au mélange
une bonne conservation) que le noircissement
du sel haloïde d'argent correspondant exposé pur
à la même lumière. En revanche, cette combinaison jouit au plus haut degré d'une propriété que
ne possédait pas, ou très faiblement, le sel isolé :
cette combinaison est susceptible, en effet, sous
l'influence presque instantanée d'une lumière
même faible (incapable d'apporter aucun chan-
gement visible), de passer de son état primitif à
un nouvel état ([1]), cette modification pouvant

---

par addition d'ammoniaque ou, mieux, d'urée (SCHEERS,
Bulletin belge) dont l'action est moins brutale.

Remarquons que la maturation ne peut être poussée
trop loin sous peine d'obtenir une émulsion de sensibilité tellement exagérée que la moindre énergie acci-
dentelle (choc, vibration, élévation de température,
éclairage du laboratoire...) soit susceptible de déterminer un voile général,

([1]) Dans le phénomène de l'insolation, le professeur
Lagermac, de Moscou, a voulu voir le passage du chlorure d'argent précipité amorphe en chlorure d'argent
cristallin. Sans être aussi explicite, l'hypothèse que
nous présentons ici permet une facile interpréation
de tout les faits observés.

être comparée à la transformation du phosphore de l'un en l'autre de ses états allotropiques.

Dans son nouvel état, le sel d'argent émulsionné peut être décomposé, amené à l'état d'argent métallique, par certains agents (*révélateurs*) qui n'avaient aucune action sur le sel primitif.

Une exposition presque instantanée de la surface sensible dans le plan focal de la chambre noire, exposition suivie du traitement par un révélateur (*développement*), fournira donc une image à peu près identique à celle qu'eût donnée, sans opération complémentaire, une exposition à la chambre noire prolongée pendant un temps quelques millions de fois plus considérable. De toute façon, cette image représentera en noir les parties les plus éclairées du sujet, et inversement (*image négative*). L'ensemble du sel d'argent ainsi modifié constituait, avant le développement une sorte d'image invisible. dite *image latente.*

6. — Le temps nécessaire à la formation d'une « image latente », susceptible de fournir après développement une image complète, dépend évidemment de la quantité et de la nature de la lumière agissante ; mais il dépend aussi, et pour une grande part, de la nature et du mode de préparation de l'émulsion de la couche sensible. Suivant le substratum choisi, la combinaison de celui-ci avec tel ou tel des trois sels

haloïdes d'argent sera plus sensible à telle ou telle lumière ([1]). Ainsi, tandis que l'iodure convient le mieux en présence de l'albumine ou du collodion, en présence d'un léger excès du sel d'argent soluble, le bromure d'argent pur donne les meilleurs résultats avec la gélatine. Quant au chlorure, il est généralement réservé à la préparation des surfaces sensibles à noircissement direct (papiers sensibles courants : à l'albumine, à la gélatine : genre citrate, aristotype ; au collodion : celloïdine, pyroxyline...) et est toujours, en ce cas, imprégné d'une faible quantité d'un sel soluble d'argent.

La formation de l'image latente demande toujours une certaine intensité minima de lumière, au-dessous de laquelle aucun effet n'est produit sur la couche sensible, quelque prolongée que soit l'exposition à cette lumière.

Dans tous les autres cas, au contraire, les impressions successives s'ajoutent ([2]) et l'on obtient sur la plaque photographique des opacités à peu de chose près équivalentes ([3]) pour des produits

---

([1]) Comme la présence de sel d'argent soluble s'oppose à la conservation des couches sensibles, M. Zenger a proposé, pour accroître la sensibilité, d'ajouter à l'émulsion un peu d'azotate d'urane, jouant, comme le sel d'argent, le rôle de sensibilisateur.

([2]) *Bulletin de la Société française de photographie.* février 1887.

([3]) C'est ainsi qu'au moyen de temps de pose pro-

égaux à l'intensité lumineuse par la durée d'action.

MM. A. et L. Lumière ([1]) ont, en effet, montré, en employant un disque tournant très rapidement devant une plaque sensible au gélatino-bromure d'argent, de façon qu'à chaque tour, la plaque se trouve exposée à une lumière artificielle pendant $\frac{1}{24\,000}$ de seconde, que l'effet produit par la lumière est le même que l'exposition ait lieu pendant 6 secondes de suite ou pendant 6 secondes en 24 000 fois.

Hâtons nous d'ajouter que la sensibilité des préparations actuelles est si considérable qu'il n'y a pas à tenir compte pratiquement de l'existence de ce minimum.

La modification du sel d'argent, conduisant à

---

longés, on peut obtenir la photographie d'étoiles fort difficiles à percevoir, même avec l'aide des plus puissants instruments.

([1]) Il y a lieu de distinguer, au sujet de l'effet produit, la façon dont a été distribuée une même quantité d'énergie lumineuse ; une lumière plus faible agissant pendant plus longtemps, donne, en général, un meilleur modelé et plus d'exactitude dans les divers tons relatifs, qu'une lumière plus intense agissant pendant un temps plus court. En particulier, M. G.-H. Niewenglowski a pu constater qu'en diaphragmant considérablement ($f/64$ environ) on pouvait, en forçant un peu la pose, substituer, dans certains cas, une plaque ordinaire à une plaque orthochromatique et obtenir ainsi des résultats, sinon aussi parfaits, du moins très satisfaisants.

la formation de l'image latente, peut être réalisée
non seulement par l'énergie lumineuse, mais
aussi par divers autres agents physiques : ainsi
l'élévation de température, qui toujours la favorise, peut aller jusqu'à la réaliser seule, sans intervention de la lumière ; un refroidissement
énergique rend, au contraire, plus difficile l'action de la lumière sur une couche sensible (¹). La
modification peut être aussi réalisée par des déchar-
ges électriques(effluviographie, image fulgurales)
et par les radiations nouvelles de Röntgen (²),
une simple pression peut enfin former une image
latente : en promenant une pointe mousse sur la
plaque, puis développant celle-ci, le tracé de la
pointe apparaît en noir.

7. — Diverses circonstances sont susceptibles
de détruire l'image latente, en particulier l'action
du chlore, du brome ou de l'iode ; soumise à l'un
de ces corps après exposition à la lumière, la pla-

(¹) Une plaque chauffée à sec vers + 90° C., puis développée, devient dans le révélateur uniformément
opaque. Refroidie au contraire à — 180°, sa sensibilité
n'atteint plus guère que les 2/10 de sa sensibilité
primitive (Abney, Dewar, Lumière). M. Forestier
a fait remarquer combien il est difficile d'exécuter
pendant les grands froids de l'hiver, même par une
belle lumière, une photographie instantanée. On se rend
compte de ce phénomène en refroidissant pendant l'insolation la moitié d'une plaque sensible (Lagermac).

(²) G.-H. Niewenglowski. — *Technique et applications des rayons X*, Paris, H Desforges, éditeur.

que est ramenée à un état voisin de son état initial et peut être utilisée à nouveau.

L'oxydation de la gélatine nous conduit à des résultats tout différents ; dans ce cas, en effet, la gélatine est insolubilisée, imperméabilisée : les liquides révélateurs n'y ont plus accès ; aussi aucune image ne peut plus y être révélée ; mais la plaque est, dans ces conditions, incapable de resservir à nouveau : le phénomène a porté cette fois, non sur le sel d'argent, mais surtout sur le substratum.

8. — Cette oxydation de la gélatine est réalisée, en particulier, par la simultanéité d'une autre oxydation à son contact (action de l'encre sèche sur la plaque photographique), peut-être doit-on rattacher à cette insensibilisation de la plaque le phénomène de la solarisation ([1]). Il semble, en effet, que l'action prolongée d'une vive lumière sur la gélatine pure détermine son oxydation (elle devient incapable de se gonfler dans l'eau et d'absorber les matières colorantes). Si donc, dans les parties qui ont pendant longtemps reçu une énergie lumineuse intense, la gélatine est imperméabilisée, seules les partie maintenues à l'ombre,

---

([1]) La présence d'un corps très oxydable, comme l'azotite de potassium AzO^2K, empêche, en effet, la solarisation (Abney) ; quand tout le sel est passé à l'état d'azotate AzO^3K, la gélatine peut à son tour s'oxyder et la solarisation devient dès lors possible. On la faciliterait, au contraire, par l'addition d'oxydants.

ou du moins à une faible lumière, absorberont
le révélateur et pourront être noircies par lui ;
on devra donc, en définitive, obtenir une image
complémentaire de celle que l'on eût obtenue
normalement, c'est-à-dire une positive ([1]). Dans
l'intervalle, on a dû passer évidemment par un
état neutre, pendant lequel le développement
fournissait un voile général.

9. — En prolongeant l'action de la lumière,
on doit arriver à une insolubilisation totale
de la plaque, nouvel état neutre, pendant
lequel la plaque n'est plus affectée par le révélateur ([2]) ; mais il faut bien se garder de dire,
comme on l'a fait quelquefois, que par insolation
exagérée la plaque est ramenée à son état initial ([3]). Diverses hypothèses ont d'ailleurs été
proposées pour l'interprétation de ce phénomène.

([1]) Cette propriété est précisément utilisée pour l'obtention de positifs directs à la chambre noire ou, plus
souvent, pour la copie des négatifs (contretypes). Voir
la *Photographie*, n° d'août 1895.

([2]) Voir sur la succession de ces divers états : JANSSEN,
Bulletin de la Société française, août 1880, et A. et L.
LUMIÈRE — *Id.*, 1888.

([3]) *La Photographie*, 1897, n° 4, p. 53.

CHAPITRE III

—

THÉORIE DU DÉVELOPPEMENT

10. Développement physique. — Du temps
du collodion humide et de ses succédanés,
l'image latente était révélée en plongeant la
plaque sensible dans une solution acide d'azotate d'argent, additionnée d'un corps réducteur,
qui, le plus souvent, était un sel ferreux. Celui-
ci réduisait l'azotate d'argent en passant à l'état
de sel ferrique et l'argent mis en liberté venait
se précipiter sur les régions impressionnées de
la plaque, en quantité proportionnelle aux impressions reçues.

De nombreuses hypothèses ont été émises
pour expliquer ce mode de développement. Aucune ne semble devoir être adoptée plus que les
autres. Ce qu'il y a de curieux, c'est que la présence de l'azotate d'argent est indispensable dans
le révélateur : une plaque sensible au collodion
humide, *parfaitement lavée*, exposée à la lumière, *ne donne pas trace d'image*, même après
une immersion de quatre heures dans l'acide

gallique, et la même plaque, si on ajoute un peu d'azotate d'argent dans le bain, donne *une image complète*, parce que l'azotate d'argent ajouté est décomposé par l'acide gallique et qu'il se fait un dépôt sur les parties impressionnées par la lumière ([1]).

Comme un tel développement n'a lieu qu'en *liqueur acide*, on lui donne souvent à tort le nom de développement acide.

Le procédé au collodion humide étant actuellement abandonné, nous n'entrerons pas dans plus de détails au sujet du développement physique ; nous aurons cependant l'occasion d'y revenir, en parlant du développement après fixage.

11. Développement chimique. — Lorsque, contrairement à ce qui a lieu pour le collodion humide, la couche sensible renferme assez d'argent pour constituer l'image, il est inutile d'ajouter de l'azotate d'argent au bain révélateur. Le développement a seulement pour but de décomposer le sel d'argent (bromure, iodure ou chlorure) contenu dans le substratum. C'est le cas du procédé au collodion sec du procédé au gélatino-bromure d'argent.

12. Développement après fixage. — Young

([1]) Barreswill et Davanne. — *Chimie photographique*, 2ᵉ édition, p. 79. Paris, Mallet-Bachelier, éditeur. Nous renvoyons à cet intéressant ouvrage pour la description des diverses hypothèses émises.

a montré le 1er décembre 1858 à la Société de Manchester (¹) que l'on pouvait développer en pleine lumière une image sur papier à l'iodure d'argent préalablement exposé à la chambre noire et dont on avait enlevé par passage dans un bain d'hyposulfite le sel sensible. L'expérience fut répétée sur plaque au collodion albuminé ; on employait bien entendu le développement physique, le bain étant composé d'un mélange de pyrogallol et d'azotate d'argent.

MM. Davanne et Bayard (²) ont répété ces expériences et remarqué que le développement était très lent, mais permettait d'obtenir une grande intensité. M. Davanne conclut de ce phénomène que la formation de l'image latente peut être ainsi expliquée :

1° Réduction par la lumière d'une très minime partie des sels d'argent à l'état d'argent métallique.

2° Développement de l'épreuve par suite du dépôt de nouvelles molécules d'argent fournies par le bain développateur et fixées en vertu de l'attraction moléculaire.

Carey Lea, en 1866 (³), a montré qu'on pouvait aussi faire disparaître l'image développée en dis-

---

(¹) *Bulletin de la Société française de photographie,* 1859, p. 42.
(²) *idem,* 1859, p. 91.
(³) *idem,* 1866, p. 147.

solvant l'argent réduit dans une solution de nitrate mercureux et développer une nouvelle
image, au moyen d'un révélateur additionné
d'azotate d'argent.

Tout récemment, M. Sterry (§ **66**), a montré
qu'on pouvait de même révéler en pleine lumière, après fixage, par un développement physique, une image obtenue par le procédé au
gélatino-bromure d'argent. Nous nous occu-
perons uniquement de ce dernier.

**13. Développement des images sur gé-
latino-bromure.** — Dans ce cas, le développement est l'opération par laquelle on transforme,
au moyen de bains appropriés (*révélateurs*), le
bromure (ou autre sel) d'argent modifié par la
lumière soit en argent métallique, soit plus exactement peut-être, dans le cas au moins de certains révélateurs (¹), en un composé opaque

---

(¹) Une preuve évidente de ce fait est la différence,
tant de structure que de coloration, que présentent
des images développées au moyen de révélateurs différents. De plus, le traitement d'un phototype achevé
par un dissolvant de l'argent (voir *Affaiblissement*)
laisse une image, faible il est vrai, mais présentant
les mêmes gradations de tons que l'image primitive.
Comme l'ont d'ailleurs montré MM. Haddon et Grundy,
la gélatine est en ces points colorée et insolubilisée
par les produits de l'oxydation du révélateur au fur
et à mesure que ces produits prennent naissance par
le fait même du développement. La quantité du révélateur employé, celle par suite des composés oxydés

d'argent. Pour plus de simplicité, nous supposerons cependant que les noirs de l'image développée sont constitués exclusivement par de l'argent réduit.

14. — La décomposition du bromure d'argent insolé s'effectue au moyen d'un corps susceptible de se combiner au brome, sans cependant que l'affinité pour le brome du corps employé soit assez énergique pour amener aussi la décomposition du bromure non insolé. Le corps toujours choisi à cet effet est l'hydrogène de l'eau. On a bien fait, à la vérité, quelques tentatives pour utiliser l'hydrogène que fournit l'électrolyse de l'eau dans certaines conditions, mais ces expériences n'ont jamais conduit au moindre résultat pratique. Pour permettre à l'eau de fournir au bromure d'argent l'hydrogène nécessaire à sa réduction, on absorbe son oxygène au moyen d'une substance avide de ce gaz (*corps réducteur*).

Tous les corps réducteurs ne peuvent pas être employés. Ceux qui, comme l'acide sulfureux, l'acide hypophosphoreux et ses sels, n'ont au

---

formés, étant proportionnelle à la quantité d'argent réduit, on conçoit que leur combinaison avec la gélatine fournira une image qui, à l'intensité près, soit identique à l'image vraie et qui, d'ailleurs, coïncide exactement avec celle-ci (*image secondaire*) (Journal *La Photographie*, nᵒˢ 1 et 3, année 1897).

cune action en présence du bromure d'argent insolé et ceux qui, comme le chlorure stanneux, réduisent aussi bien le bromure d'argent insolé que celui qui a été préparé et conservé dans l'obscurité, doivent être rejetés. Il en est de même de ceux qui, comme le sodium ou le potassium, décomposent l'eau, en l'absence de bromure d'argent insolé.

Seuls, les corps réducteurs qui décomposent l'eau exclusivement en présence du bromure d'argent insolé, peuvent être employés. Encore, comme nous le verrons plus loin, doivent-ils remplir certaines conditions pratiques.

15. — En résumé, les deux principes véritablement essentiels d'un révélateur sont donc l'*eau* et un *corps oxydable*. Effectivement, on parvient, quoique péniblement, à révéler l'image latente en employant une dissolution aqueuse pure de pyrogallol ([1]). Mais un révélateur réduit à ces deux seuls éléments serait fort imparfait ; l'union de l'hydrogène et du brome fournit en effet de l'acide bromhydrique :

$$2AgBr + H^2O - O = 2Ag + 2HBr,$$

Bromure d'argent (insolé) — Eau — Oxygène — Argent réduit — Acide bromhydrique

qui tend à réagir sur l'argent déjà libéré pour le ramener à l'état de bromure ; aussi l'action du

---

([1]) Improprement appelé « *acide* pyrogallique ».

révélateur serait-elle, daus ces conditions, rapidement compensée par l'action inverse; tout phénomène cesserait. On devra donc, au fur et à mesure de sa production, faire passer cet acide bromhydrique à l'état de composé moins gènant . pour cela, on l'amène à l'état de bromure alcalin en ajoutant préalablement au bain soit un alcali libre (ammoniaque, lithine, soude, potasse....), soit certains sels faibles de ces bases (carbonate, phosphate tribasique). Le bromure ainsi formé dans le bain même est bien encore un modérateur du développement, mais dans des proportions infiniment moindres que ne l'était l'acide bromhydrique libre. L'opération du développement sera donc d'autant plus rapide que la proportion d'alcali sera plus considérable.

On a souvent, par suite de la réaction alcaline donnée au bain, par l'addition d'alcalis, donné le nom de *développement alcalin* au développement chimique, par opposition au nom de *développement acide* qu'on donnait au développement physique. Or, nous verrons que nombre de corps réducteurs sont susceptibles de développer l'image latente en liqueur neutre ou acide ; nous verrons aussi que les alcalis peuvent être remplacés par d'autres substances : aldéhydes, cétones, etc.

16. — Un bain révélateur ne renfermant que

le corps réducteur additionné d'un alcali ou
d'une substance en tenant lieu, ne pourrait se
conserver que quelques minutes à peine : il absorberait, en effet, l'oxygène de l'air et le réducteur ainsi oxydé ne pourrait plus agir efficace-
ment sur le bromure d'argent.

Lorsque cette absorption de l'oxygène atmosphérique s'effectue relativement lentement, on
peut se contenter de préparer le bain au moment
même de s'en servir (c'est le cas du révélateur à
l'oxalate ferreux). Mais lorsqu'au contraire
cette oxydation a lieu plus rapidement, il est nécessaire d'ajouter au bain une substance destinée
sinon à l'empêcher, du moins à la retarder. On
pourra alors le plus souvent préparer le bain révélateur d'avance ; dans le cas du pyrogallol employé en solution alcaline, il faudra ne préparer
le bain qu'au moment de l'emploi, malgré l'addition d'un conservateur.

Le conservateur le plus habituellement employé est le sulfite de sodium. Il ne semble pas
que, pendant l'opération même du développement, ce corps (ou les divers autres que l'on
puisse lui substituer) agisse par lui-même ([1]), si
ce n'est peut-être comme modérateur très faible,

([1]) Quelques expériences mal conduites avaient fait
conclure que le sulfite de sodium pouvait agir comme
alcali. Il a été reconnu depuis que l'échantillon employé était souillé d'une forte proportion de carbonate de sodium, ce qui, d'ailleurs, est le cas général.

en tant que dissolvant du bromure d'argent, et encore faut-il pour cela qu'il se trouve en excès considérable.

Son seul *rôle* est d'éviter, ou au moins de retarder l'oxydation du révélateur dans l'intervalle des emplois, oxydation qui, bien entendu, le mettrait hors d'usage et très rapidement.

D'après MM. Haddon et Grundy ([1]), le rôle du sulfite de sodium consisterait à reprendre à l'agent révélateur l'oxygène que celui-ci vient de fixer, soit au contact de l'air, soit par le fait même du développement, restituant ainsi du révélateur neuf avec formation, sans aucun intérêt d'ailleurs, de sulfate de sodium. La présence du sulfite de sodium, empêchant l'existence des produits d'oxydation qui, comme nous l'avons dit (p. 21, note 1), sont susceptibles de constituer, par brunissement de la gélatine, une sorte d'image secondaire, donnera, si le sel est en excès, un phototype beaucoup moins vigoureux que le même bain privé de sulfite ou du moins dans lequel la dose de ce sel est diminuée. Cette intensification par suppression du sulfite est d'ailleurs peu sensible à l'œil, la différence ne portant pas sur la quantité d'argent réduit, mais sur la teinte de l'image beaucoup moins actinique qu'en présence d'un excès de sulfite.

---

[1] *La Photographie*, n°s 1 et 3, année 1897.

L'addition d'un agent conservateur au bain révélateur ne dispense pas des précautions physiques que l'on peut prendre pour lui éviter l'accès de l'air ; par exemple : conservation sous couche d'huile.

17. Modérateurs et accélérateurs. — Mentionnons enfin, comme faisant accessoirement partie d'un révélateur, les *modérateurs* et les *accélérateurs*.

Les premiers ont surtout pour but de modérer l'action excitatrice de l'alcali, évitant ainsi trop d'uniformité, quand, par manque considérable de pose, on doit recourir à un révélateur très énergique, riche en alcali, qui, sans la présence de cet agent auxiliaire, voilerait les blancs.

Le plus couramment employé est le bromure de potassium ou tout autre bromure alcalin ; nous avons vu qu'un de ces corps se formait toujours dans le bain par le fait même des développements successifs. L'addition à un bain neuf d'un peu d'un vieux bain équivaut donc à une addition de modérateur.

L'action modératrice du bromure alcalin, produit de la réaction que l'on cherche à limiter, paraît assimilable à un phénomène d'équilibre chimique et il y aurait sans doute avantage à employer pour chaque révélateur le bromure correspondant au même métal que l'alcali utilisé.

M. A. de la Baume Pluvinel ([1]) explique ainsi qu'il suit le rôle des divers modérateurs :

« On sait que si deux réactions inverses peuvent avoir lieu simultanément, celle qui est prédominante détermine le sens de la réaction, mais cette réaction est limitée à une certaine partie seulement des corps en présence. Si, par exemple, le bromure d'argent modifié est soumis en même temps à une action réductrice et à une action oxydante, il peut y avoir réduction si l'action réductrice prédomine, mais il n'y aura réduction que d'une partie seulement du bromure d'argent modifié. La quantité de bromure modifié étant, en raison de l'intensité de la lumière qui a agi, on peut dire que les oxydants détruisent en partie l'action de la lumière et conduisent au même résultat que si la durée de la pose avait été réduite.

« Les agents oxydants qui contrebalancent ainsi l'action réductrice de *l'oxalate ferreux* (d'une manière générale, du révélateur) sont appelés des *modérateurs*. L'ozone, l'eau oxygénée, le permanganate de potassium, le bichromate de potassium, les sels ferriques, etc., agissant à l'inverse de l'oxalate ferreux sont de puissants modérateurs et, employés en trop grande quan-

---

([1]) A. DE LA BAUME PLUVINEL. — *La photographie au gélatino-bromure d'argent. Le développement de l'image latente*, p. 26. Paris, Gauthier-Villars, 1889.

tité, ils peuvent même empêcher complètement le développement de l'image latente. C'est ainsi qu'une plaque plongée pendant quelques minutes dans un bain de bichromate à 2 $^0/_0$ ne donne plus trace de réduction dans les révélateurs.

« Les acides, qui tendent à former des sels avec l'argent réduit, sont encore des modérateurs.

« D'autres substances agissent plus directement ; ce sont celles qui peuvent reformer du bromure d'argent en apportant du brome à l'argent réduit. C'est ainsi que le brome, le bromure ferrique et le bromure cuivrique jouent le rôle de modérateurs :

$$Fe^2Br^6 + 2Ag = 2FeBr^2 + 2AgBr$$
$$2CuBr^2 + 2Ag = Cu^2Br^2 + AgBr.$$

« Les bromures alcalins, qui n'existent qu'à l'état de protobromures, agissent d'une toute autre manière : ils forment avec le bromure d'argent des bromures doubles. Ainsi le bromure de potassium donne naissance au composé :

$$AgBr, 2KBr.$$

« On peut aussi obtenir des chlorures et des iodures doubles en faisant dissoudre le chlorure ou l'iodure d'argent dans des dissolutions chaudes et concentrées d'un chlorure ou iodure alcalin (Becquerel, Boullay).

« Or, le révélateur n'agit pas sur ces bromures doubles, de sorte que son rôle consiste à réduire seulement la partie du bromure modifié qui n'entre pas dans la composition du bromure double. La quantité de bromure d'argent susceptible d'être réduit, diminue donc quand on ajoute au révélateur du bromure de potassium, et l'on obtient le même résultat que si l'action de la lumière avait été plus faible. »

On emploie aussi comme modérateur, l'acide acétique et les acétates, l'acide citrique et les citrates, les chlorures alcalins, etc.

Nous indiquerons à propos de chaque révélateur, les modérateurs qui lui conviennent le mieux.

L'effet des accélérateurs est exactement inverse, tendant à donner aux grandes lumières le plus possible d'avance sur les ombres. Remarquons, tout de suite, que le choix de la substance accélératrice est absolument subordonnée au choix du réducteur ; rien de général ne peut donc être formulé.

De même aussi l'iode en solutions extrêmement *diluées*.

D'une façon générale, on peut considérer comme accélérateur toute substance facilitant l'oxydation du révélateur au contact de la plaque (oxydation *utile*). Ainsi, en exposant à l'air la plaque imprégnée de révélateur (en sortant la plaque du bain), l'air venant oxyder le révélateur au sein même de la couche joue le rôle d'accélérateur.

Les accélérateurs ne sont plus guère usités actuellement.

18. Dilution du bain. — On admet, en général, que la plus ou moins grande dilution du bain révélateur n'influe que sur la durée du développement, celui-ci étant plus lent, si l'on emploie un bain plus étendu, mais sans que l'état de l'image finale se trouve en rien modifié de ce fait, si l'on prolonge suffisamment son développement.

La dilution du bain est donc avantageuse dans tous les cas où, la pose ayant été incertaine ou longue, on doit pouvoir être maître, en cours d'opération, de modifier la composition du révélateur avant que le développement de l'image ne soit trop avancé.

L'addition du réducteur à un bain équivaudra donc sensiblement à la soustraction d'alcali au bain plus concentré, et, à la rapidité près, l'effet sera le même (dureté).

M. le capitaine Houdaille a ependant établi que, dans le cas au moins du révélateur à l'hydroquinone, la concentration ou la dilution exagérées à partir d'une certaine proportion moyenne (révélateur normal) conduisait à une atténuation des contrastes.

19. Température. — La température du révélateur n'est pas sans jouer un rôle sur le résultat définitif ; pour la plupart des révélateurs, la température convenant le mieux au développement est 15° C. Tout écart au-dessus tend à fournir un cliché faible (contrastes atténués) ; tout écart au-dessous produira, au contraire, un cliché dur ; une différence de 10° en plus ou en moins produira des différences très notables.

20. Insolubilisation de la gélatine par le révélateur. — MM. A. Haddon et F. B. Grundy ont fait une étude approfondie d'un phénomène curieux qui mérite d'être signalé (¹).

C'est un fait bien connu que, pendant la dessiccation d'un cliché achevé, certaines parties de l'image, celles restées transparentes, apparaissent en relief. On a voulu voir là une sorte d'action tannante du pyrogallol ou de ses congénères sur la gélatine de la plaque. Une pareille explication est inadmissible ; une pareille action, si elle a lieu, devant être uniforme sur toute la surface de la gélatine et ne pouvant, par suite, provoquer aucun relief.

MM. Haddon et Grundy ont commencé par montrer qu'une dissolution pure de pyrogallol n'a aucune action tannante sur la gélatine (nous

---

(¹) *La Photographie*, janvier et mars 1897, p. 11 et 41.

entendons par tanner, soit imperméabiliser, soit élever la température de fusion). Ils prirent, pour cela, deux tubes à essai entre lesquels fut partagé un fragment de gélatine. Dans l'un des tubes, une dissolution assez concentrée de pyrogallol fut versée ; dans l'autre, ils mirent de l'eau pure.

Ces deux tubes ayant été chauffés simultanément dans un même bain-marie, on put constater que la fusion commençait toujours à se montrer sur celui des deux échantillons de gélatine qui était imprégné de pyrogallol. La température de dissolution de la gélatine est même, paraît-il, abaissée à tel point qu'en chauffant un de ces tubes avec la seule chaleur de la main, la gélatine se ramollit et devient assez fluide pour que, par agitation du tube, une bulle d'air puisse être promenée d'un bout à l'autre à travers cette masse visqueuse. Une solution saturée de pyrogallol peut même enfin dissoudre la gélatine, ou, plus exactement, la fondre, sans même qu'il soit nécessaire de chauffer. Il est donc bien établi que le pyrogallol n'imperméabilise ni n'insolubilise la gélatine.

Il est aisé de montrer par des expériences sur lesquelles nous insisterons que les produits d'oxydation du pyrogallol peuvent imperméabiliser et insolubiliser la gélatine.

Si on immerge, en effet, un fragment de gélatine dans une solution de pyrogallo!, et si on abandonne le tout à l'air jusqu'à ce que l'oxydation du pyrogallol se traduise par une teinte brun foncé de la solution, la gélatine ne se dissout plus, même à l'ébullition. En outre, la gélatine a pris une coloration brune intense, coloration qu'on ne peut guère attribuer qu'à une combinaison de la gélatine avec les produits d'oxydation du pyrogallol.

Cette combinaison est même assez énergique pour qu'il soit impossible de la détruire sans détruire en même temps la gélatine. Un grand nombre de réactifs ont cependant été essayés : quelques-uns tels que l'acide chlorhydrique, la solution de bichromate de potasse additionnée d'acide sulfurique, facilitent ou provoquent la dissolution de ce composé, mais paraissent ne pas l'altérer et, en tous cas, ne modifient pas sa coloration.

MM. Haddon et Grundy se sont demandés si ce tannage était dû au produit ultime de l'oxydation du pyrogallol, c'est-à-dire au produit obtenu en saturant ce corps d'oxygène jusqu'à refus, ou si, au contraire, l'agent actif était l'un des nombreux corps dont la formation intermédiaire est possible. Ils ont donc pendant environ seize heures fait barboter un courant d'air dans une solution de pyrogallol dont l'oxydation était facilitée par l'addition d'une notable pro-

portion de carbonate de soude. Ils ont obtenu
ainsi un liquide brun foncé, de consistance
sirupeuse, incapable de s'oxyder davantage sans
l'intervention d'un oxydant énergique, ce qui
n'est pas le cas dans les usages photographiques
et n'a pas, par conséquent, à être considéré. Dans
cette liqueur, était immergé, pendant vingt minutes, un morceau de gélatine qui, après un
lavage d'une heure en eau courante, résistera à
toutes les tentatives faites pour le dissoudre par
l'eau pure, même bouillante.

Cette insolubilisation de la gélatine par les
produits d'insolubilisation du pyrogallol permet
d'expliquer très simplement le relief à l'état
humide des phototypes développés avec ce révélateur. Aux points où le bromure d'argent a été
soumis à l'action de la lumière, il y a, pendant
le développement, mise en liberté d'argent ; le
brome, libéré d'autre part, s'unit à l'hydrogène
de l'eau comme nous l'avons vu, le pyrogallol
s'oxydant aux dépens de l'oxygène de l'eau. Il
en résulte une oxydation du révélateur dans le
sein même de la couche de gélatine, au contact
des grains de la substance sensible. Ce pyrogallol oxydé agissant alors sur la gélatine qui
l'environne, l'imperméabilise, l'insolubilise et
la colore.

La coloration de la gélatine aux points mêmes
où l'argent a été réduit par le pyrogallol est un

fait déjà connu et qu'on peut aisément constater en dissolvant l'argent (par exemple dans un mélange de solutions de ferricyanure de potassium et d'hyposulfite de sodium). Après élimination complète de l'argent, on aperçoit une image brunâtre, assez faible mais qui, à l'intensité près, est identique à l'image primitive. C'est, en effet, à un point où le plus d'argent a été réduit que la plus grande quantité possible de pyrogallol oxydé a pu agir, donnant en ces points le maximum de coloration.

Sans même détruire ainsi le phototype, on peut montrer l'existence dans l'image d'une substance autre que l'argent : l'immersion d'un semblable phototype dans une solution de sulfate ferreux modifie sa coloration. La gélatine colorée qui constitue cette sorte d'*image secondaire* étant en outre imperméable à l'eau et cela d'autant plus qu'elle est plus colorée, seules les parties transparentes peuvent se gonfler dans l'eau et cela d'autant plus qu'elles sont plus transparentes ; de là, leur relief sur un phototype humide.

Enfin, cette gélatine colorée est aussi insolubilisée, ce qui explique comment, il y a quelques années, M. Warnecke put prendre, comme base d'un procédé plutôt mécanique, l'action de l'eau tiède sur un négatif développé, cette action laissant intactes les parties où l'ar-

gent est réduit, celles correspondant aux lumières de l'original, toutes les autres parties de
la gélatine (celles correspondant aux ombres)
étant dissoutes.

Après avoir ainsi élucidé ces diverses particu·
larités au sujets du pyrogallol, MM. Haddon et
Grundy se sont attaqués à l'innombrable série
de révélateurs plus récents : l'hydroquinone,
l'iconogène, le métol, l'amidol, le diamidophénol, la glycine, le rodinal. Voici en quelques
mots la marche de ces expériences :

On prépara de chacun des corps énumérés ci-
dessus une dissolution à laquelle fut ajouté un
peu de carbonate de sodium. Dans chacune
d'elles, fut plongé un morceau de gélatine, tous
ces fragments ayant été pris d'ailleurs au même
échantillon. On laissa la gélatine s'imbiber de
liquide jusqu'à refus, ce qui demanda environ
dix minutes ; puis tous ces fragments, étalés sur
un plateau, furent abandonnés jusqu'à complète
dessiccation. Ceux des morceaux de gélatine qui
avaient été traités par les dissolutions d'amidol,
de métol, d'iconogène, de diamidophénol et
d'hydroquinone devinrent d'un brun noir de
moins en moins foncé du premier au dernier
dans l'énumération donnée.

Ceux qui avaient été imbibés de glycine
et de rodinal restèrent incolores quoique certains essais, faits sur le mélange d'une de ces

dissolutions avec la gélatine, aient été prolongés jusqu'à deux mois.

Ces morceaux de gélatine, lavés à l'eau pendant environ vingt minutes, furent placés chacun dans un tube à essais à demi-plein d'eau froide, puis tous ces tubes furent doucement échauffés dans un même bain-marie dont un thermomètre indiquait à tout instant la température. Au fur et à mesure que la gélatine se dissolvait dans l'un des tubes, la température correspondante était notée. Nous donnons ci-dessous le tableau qui a été dressé par les deux expérimentateurs.

Agent révélateur ayant servi à l'imbibition	Température (centigrade) de dissolution	Remarques
Gélatine primitive (avant tout traitement) . . .	45°	
Métol	62°	
Glycine	45°	Se réduit en miettes avant de se dissoudre (50°).
Diamidophénol .	80°	
Rodinal	45°	
Iconogène . . .	100°	Commencement de fusion à 100°.
Hydroquinone . .	complètement insoluble, même à l'ébullition.	A peine ramollie.
Amidol		Devient molle et visqueuse, mais sans se dissoudre.

Il semblerait, en consultant ce tableau, que la glycine et le rodinal, qui, ne s'oxydant pas à l'air, n'ont pu tanner la gélatine dans cette expérience, ne puissent jamais donner d'image en relief. Cette conclusion serait inexacte. Remarquons, en effet, que si ces deux corps sont inaltérables à l'air, ils sont, comme tout révélateur, oxydés par le bromure d'argent insolé. Or, précisément, si, au moyen de cet oxydant faible ou de tout autre, nous modifions la glycine, le rodinal, les produits de cette oxydation jouiront aussi de propriétés tannantes à tel point qu'un fragment de gélatine qui en aura été imprégné résistera à l'eau bouillante.

La couleur brune de la gélatine tannée par l'un ou l'autre des agents successivement énumérés (ou du moins par leurs produits d'oxydation) est absolument inactinique. Dans un phototype, l'effet des opacités de cette image secondaire, venant s'ajouter à l'effet de l'argent réduit, donne, dans la plupart des cas, une image plus vigoureuse. On peut ainsi s'expliquer comment un négatif développé au pyrogallol et à l'ammoniaque négatif qui cependant est très faible en argent, donne de très bonnes photocopies. Mais, comme le remarquent très judicieusement MM. Haddon et Grundy, il faut tenir compte de la présence, dans tous les bains révélateurs modernes, d'une proportion assez notable de sulfite de sodium.

D'après les auteurs du mémoire, le rôle du sulfite de sodium consisterait à reprendre l'oxygène qu'a fixé l'agent révélateur, passant ainsi à l'état de sulfate qui ne joue là aucun rôle, et restituant du révélateur neuf prêt à resservir. Si nous admettons cette interprétation, nous concevons aisément que la gélatine ne puisse être tannée pendant le développement si le révélateur renferme un excès suffisant de sulfite, car la formation du révélateur oxydé, dont la présence serait nécessaire pour le tannage, ne serait alors que passagère. Ce qui semble confirmer cette hypothèse, c'est qu'un révélateur préparé sans sulfite donne, en effet, le maximum d'intensité de l'image secondaire.

Nous concluons donc de là que la diminution de la dose de sulfite indiquée pour la préparation d'un bain révélateur permet d'obtenir des phototypes plus denses et plus vigoureux. L'addition d'un grand excès de sulfite diminuerait, au contraire, les contrastes puisqu'il atténuerait jusqu'à supprimer l'image secondaire, l'opacité n'étant plus alors constituée que par l'argent réduit.

21. Influences physiques et mécaniques susceptibles de modifier le résultat du développement ([1]). — La vitesse de pénétra-

---

([1]) L. P. CLERC. — *La Photographie*, X^e année, 1er avril 1898.

tion du révélateur dans la couche sensible de la plaque photographique joue un rôle important sur le résultat final du développement, l'image tendant à se voiler uniformément dans le cas de pénétration brusque. Dans un article très documenté publié par le journal anglais *Photography*, le capitaine Abney indique quelques vérifications de cet énoncé, et montre qu'on obtient un effet analogue à celui que procure l'addition au révélateur d'un modérateur chimique (bromure de potassium, en général) en ralentissant la vitesse de pénétration, ce qui, d'ailleurs, peut être réalisé, soit en choisissant un substratum plus difficilement perméable, soit en ajoutant au révélateur des sirops, gommes, capables d'accroître sa viscosité sans cependant pouvoir jouer un rôle chimique actif.

Si l'on couvre une plaque d'un collodion fortement bromuré, et qu'après sensibilisation au bain d'argent, on lave avec soin pour enlever toute trace d'un excès de sel soluble d'argent, on sera en mesure d'effectuer l'une des expériences les plus concluantes sur ce sujet. Plongeons la moitié de la plaque dans une solution d'albumine, rinçons, puis enfin couvrons la plaque d'un peu de café additionné de glucose, égouttons et séchons. Le développement de cette plaque, après insolation, fournira, dans un révé-

lateur non bromuré, une image très brillante
dans la partie albuminée, terne et voilée, au
contraire, dans l'autre portion ; or, le seul rôle
que puisse jouer ici l'albumine est, après avoir
englobé les grains de la substance sensible, de
les protéger contre un accès trop brusque du
révélateur.

A l'époque du collodion humide développé
par précipitation d'argent réduit, l'agent retardateur utilisé était un acide faible : acétique,
citrique, en proportions notables ; un ralentisse-
ment mécanique de l'action révélatrice permettait de réduire beaucoup la quantité d'acide
ajouté ; on rendait donc visqueuse la solution
du révélateur, par exemple en substituant partiellement la glycérine à l'eau.

Une expérience assez curieuse aussi est le développement d'une plaque sensible dont le sel
d'argent est entièrement à nu, préparée pour
cela avec un collodion très bromuré et une très
courte immersion au bain d'argent. Après
dessiccation, on pourrait racler avec le doigt, ou
même un pinceau doux, la presque totalité du
sel sensible qui n'est que déposé sur le collodion.
Une fois insolée, cette plaque noircira instantanément sur toute sa surface, et cela quelque exagérée que soit la dose de bromures qu'on lui
ajoute, à moins que l'on ne prenne la précaution
de rendre visqueux le révélateur ou que l'on ait

coulé sur le sel sensible une couche d'albumine
suffisante pour l'englober. Bien entendu, et c'est
là ce qui fait l'intérêt de cette étude, les mêmes
particularités se retrouvent dans les procédés à
la gélatine ; si, d'une émulsion, préparée au
gélatino-bromure d'argent, on parvient à isoler
le sel d'argent de l'excès de gélatine, puis que
l'on prépare de nouvelles émulsions en ajoutant
au sel ainsi isolé des proportions croissantes de
gélatine pure, on constatera que les plaques
préparées au moyen de ces émulsions ne four-
nissent au développement des images brillantes
qu'à la condition d'ajouter au révélateur une
proportion de bromure de potassium qui croît
quand décroît la proportion de gélatine ; mêmes
phénomènes si l'on utilise diverses sortes de
gélatine ; il faudra plus de bromure dans le
révélateur pour une émulsion à gélatine tendre
que pour une émulsion à gélatine dure. Le rôle
modificateur de la gélatine est si marqué qu'en
coulant sur une plaque insolée une mince
couche de gélatine pure, le développement
devient presque impossible, à moins de détacher
la pellicule de son support, auquel cas le développement s'effectue normalement à partir de
la nouvelle face libre.

Nous nous rendons bien compte ainsi de la
nécessité d'approprier la composition du révélateur à la constitution particulière de la plaque

ou plutôt au genre de plaques utilisées, et ceci nous est une nouvelle preuve de l'impossibilité ou, tout au moins, de l'extrême difficulté que présente la recherche d'un révélateur strictement automatique.

Au point de vue pratique, nous pouvons conclure que le développement à fond d'une plaque quelconque surexposée sera facilité par l'emploi d'un révélateur rendu visqueux par dissolution de gomme, ou par substitution partielle de la glycérine à l'eau comme dissolvant.

Rappelons incidemment que l'élévation de température du bain révélateur tendant à fournir un cliché de plus en plus uniforme, que le refroidissement accentuant les contrastes, on pourra avec avantage développer en révélateur froid (10°) une plaque surexposée, et échauffer le révélateur (55°) pour le traitement d'une plaque légèrement sous-exposée (¹).

(¹) *La Photographie*, n° du 1ᵉʳ novembre 1897. *Le Développement*, p. 174.

CHAPITRE IV

—

RÉDUCTEURS SUSCEPTIBLES D'ÊTRE UTILISÉS COMME RÉVÉLATEURS

22. Conditions pratiques. — Un corps réducteur, pour pouvoir être utilisé comme révélateur, doit non seulement ne décomposer l'eau qu'en présence du bromure d'argent insolé (§ **12**) mais encore remplir un certain nombre de conditions pratiques ([1]) :

1° Ne pas donner des produits d'oxydation, capables de détruire l'image latente ou de faire passer l'argent de l'image à l'état de sel halogène par une réaction inverse de celle qui constitue le développement.

C'est ainsi que le chlorure cuivreux en solution ammoniacale, bien que susceptible de révéler l'image latente, ne peut guère être utilisé dans la pratique ([2]).

([1]) A. Seyewetz. — Le *Développement de l'image latente en photographie*, Paris, Gauthier-Villars, 1899.

([2]) A. et L. Lumière. — *Propriétés révélatrices du chlorure cuivreux ammoniacale*. Bulletin de la Société française de photographie. Novembre, 1887, p. 294.

La réaction du chlorure cuivreux sur le bromure d'argent insolé :

$$2\,AgBr + Cu^2Cl^2 = 2\,Ag + CuCl^2 + CuBr^2$$

donne, en effet, naissance à un mélange de bromure et de chlorure cuivriques qui détruisent l'image latente et qui tendent à transformer l'argent réduit à l'état de chlorure et de bromure d'argent :

$$2\,CuCl^2 + 2\,Ag = Cu^2Cl^2 + 2\,AgCl$$
$$2\,CuBr^2 + 2\,Ag = Cu^2Br^2 + 2\,AgBr.$$

En outre, sous l'influence de l'oxygène atmosphérique, le chlorure cuivreux se transforme en chlorure cuivrique.

Néanmoins, au début, la décomposition du bromure d'argent est assez énergique ; aussi M. G. Lippmann a-t-il pu employer ce révélateur pour le développement des photochromies interférentielles (¹).

Le bromure et l'iodure cuivreux agissent de même.

Le triamidophénol (1, 2, 4, 6) et la triamidorésorcine (1, 2, 3, 4, 5) que leur constitution, comme nous le verrons plus loin, indique

---

(¹) L. P. CLERC. — *La Photographie des couleurs*, un volume de l'Encyclopédie scientifique des Aide-Mémoire et *Bulletin de la Société française de Phographie*, 15 février 1899, p. 118.

comme révélateurs énergiques, présentent le même inconvénient, bien qu'à un moindre degré : la formation de composés amidés détruisant l'image latente enraye rapidement l'action révélatrice ([1]).

2° Être assez soluble dans l'eau et donner une solution aussi incolore et transparente que possible.

3° N'avoir aucune action sur le substratum (gélatine, collodion); l'hématoxyline $C^{16}H^{14}O^6$ et le quercitrin $C^{18}H^{16}O^9$, bien que développant l'image latente ne peuvent être utilisés parce qu'ils colorent la gélatine, le premier, en violet intense et le second, en jaune foncé.

4° Ne pas être corrosif pour l'épiderme.

5° Les produits auxquels ils font associer le réducteur pour constituer le bain révélateur doivent de même n'avoir aucune action nocive, ni sur la gélatine, ni sur l'épiderme, etc.

23. Réducteurs minéraux. — Le nombre des corps réducteurs appartenant à la chimie minérale est très restreint.

Nous avons déjà vu (§ **18**) que les sels cuivreux ne pouvaient guère être utilisés ; il en est de même des sels *chromeux*.

L'acide *hydrosulfureux* et les *hydrosulfites*

([1]) A. et L. Lumière et Seyewetz. — *Bulletin de la Société française de Photographie*, 1er août, p. 373.

sont trop instables pour que leur emploi soit avantageux.

On avait signalé comme pouvant jouer le rôle de révélateur les peroxydes alcalins en solution aqueuse ou l'eau oxygénée rendue fortement alcaline par addition de soude ([1]).

Mais c'est là une erreur comme nous le verrons plus loin (§ **34**).

Seuls les sels ferreux peuvent jusqu'à présent parmi les réducteurs minéraux, être utilisés comme révélateurs.

Bien que l'on emploie presque exclusivement l'oxalate ferreux dissous dans une solution d'oxalate neutre de potassium, nombre d'autre sels ferreux pourraient être utilisés, comme l'a montré Carey-Lea.

24. Révélateurs organiques. Historique ([2]). — Les révélateurs appartenant à la chimie organique sont les plus nombreux; le premier réducteur organique dont l'usage a été préconisé comme révélateur est le pyrogallol qui fut étudié à ce point de vue par Carey-Lea ([3]), le Dr Vogel ([4]) et Sathon vers 1869.

([1]) *Bulletin de la Société française de Photographie*, 1er décembre 1894, p. 545.

([2]) Cet historique est fait d'après l'intéressant ouvrage de M. A. SEYEWETZ. — *Le développement de l'image latente*, Paris, Gauthier-Villars, éditeur.

([3]) *Photographic News*, septembre 1872.

([4]) *British journal of Photography*, janvier 1869.

La pyrocatéchine fut ensuite indiquée par R. Wagner ([1]) comme substance révélatrice.

Carey-Lea et Tabersky ([2]) montrèrent que l'hématoxylène pouvait aussi être utilisée.

Mais, du temps du collodion, on ne se servait guère que des sels ferreux, le pyrogallol étant, à cette époque, d'un prix de revient trop élevé.

La découverte du procédé au gélatino bromure d'argent a généralisé l'emploi du pyrogallol et a suscité de nombreuses recherches qui ont abouti à la connaissance de nombreux révélateurs.

C'est ainsi qu'Abney ([3]) indiqua, en 1880, les propriétés révélatrices de l'hydroquinone, qui fut étudiée aussitôt à ce point de vue par MM. Eder, Toth, Pizzighelli, Reeb ([4]), Balagny ([5]), etc.

Plus tard, le Dr Andresen, de Berlin, fit breveter l'emploi des paraphénylènes diamines pour développer l'image latente. Il a donné le nom d'iconogène à l'amido-β-naphtol mo-

---

([1]) *Dingler's polyt. journal*, t. CXL, p. 375.

([2]) *Bulletin de la Société française de Photographie*, 1869, p. 301.

([3]) *Photographic News*, 1880, p. 345.

([4]) H. REEB. — *Étude sur l'hydroquinone; son application en photographie comme révélateur.* Paris, Gauthier-Villars, éditeur, 1890.

([5]) BALAGNY (Georges) docteur en droit. — *L'hydroquinone. Nouvelle méthode de développement*, Nouveau tirage. Paris, Gauthier-Villars, éditeur, 1890.

nosulfate de sodium :

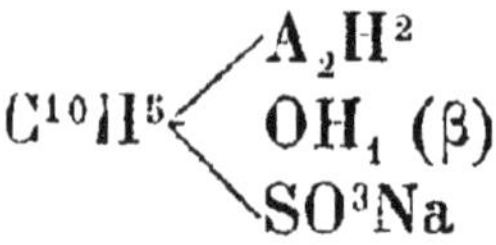

$$C^{10}H^5 \Big\langle \begin{matrix} A_2H^2 \\ OH_1\ (\beta) \\ SO^3Na \end{matrix}$$

qui est un excellent révélateur.

Le Dr Andresen a aussi le premier indiqué le pouvoir développateur du paramidophénol, mais ne sut pas en tirer parti, comme le firent plus tard les frères Lumière ([1]).

La phloroglucine, isomère du pyrogallol ; la résorcine, isomère de l'hydroquinone et de la pyrocatéchine furent également indiquées comme substances révélatrices, ainsi que le chlorhydrate d'hydroxylamine. Mais divers expérimentateurs obtinrent des résultats contradictoires.

MM. A et L. Lumière ont montré que ces produits *rigoureusement purs* n'étaient pas susceptibles de révéler l'image latente ; l'action révélatrice observée parfois était due à des impuretés provenant de la difficulté que l'on a de séparer nettement entre eux divers isomères tels que l'hydroquinone, la pyrocatéchine et la résorcine.

Ces constatations ont amené MM. A. et L. Lumière à étudier la relation qu'il y avait entre la constitution moléculaire des corps révélateurs et leur propriété révélatrice. Ils firent

---

([1]) *Bulletin de la Société française de Photographie*, 1890, p. 195, 232 et 396.

à ce sujet de nombreuses recherches à la suite desquelles ils publièrent leur beau mémoire sur la fonction développatrice ; dans ce travail, ils énoncèrent des lois, aujourd'hui classiques, analogues à celles qui relient la constitution moléculaire des matières colorantes et le pouvoir colorant.

CHAPITRE V

—

LA FONCTION RÉVÉLATRICE

25. Fonction révélatrice ([1]). — Nous reproduisons ci-dessous les conclusions du travail de MM. A. et L. Lumière :

1° *Pour qu'une substance de la série aromatique soit un développateur de l'image latente, il faut qu'il y ait, dans le noyau benzénique, au moins deux groupements hydroxyles OH ou bien deux groupements amidogènes AzH^2 ou encore un hydroxyle et un amidogène.*

Ainsi, pour ne citer que quelques exemples, les corps suivants peuvent être des développateurs :

a) Les diphénols $\qquad C^6H^4\Big\langle{}^{OH}_{OH}$

Les amidophénols $\qquad C^6H^4\Big\langle{}^{OH}_{AzH^2}$

([1]) A. et L. LUMIÈRE. — *Les Développateurs organiques en photographie*. Paris, Gauthier-Villars, 1893 ; *Sur les réducteurs de la série aromatique susceptibles de développer l'image latente photographique*. Bulletin de la Société française de Photographie. Septembre 1891, p. 310.

Les phénylènes diamines C^6H^4 ⟨ AzH^2 / AzH^2.

b) Les homologues supérieurs de ces substances tels que :

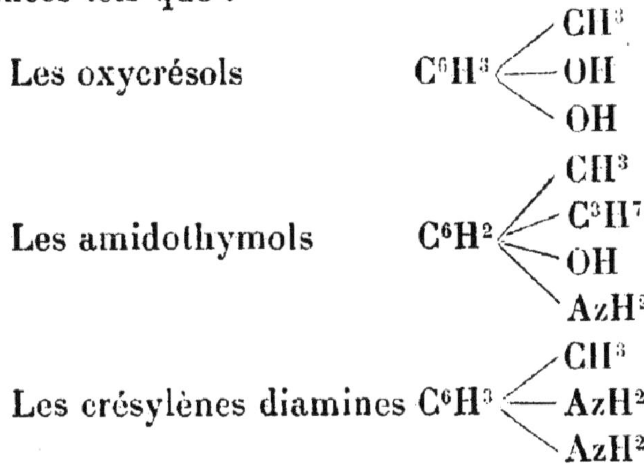

Les oxycrésols C^6H^3

Les amidothymols C^6H^2

Les crésylènes diamines C^6H^3

c) Les autres homologues à plusieurs noyaux benzéniques :

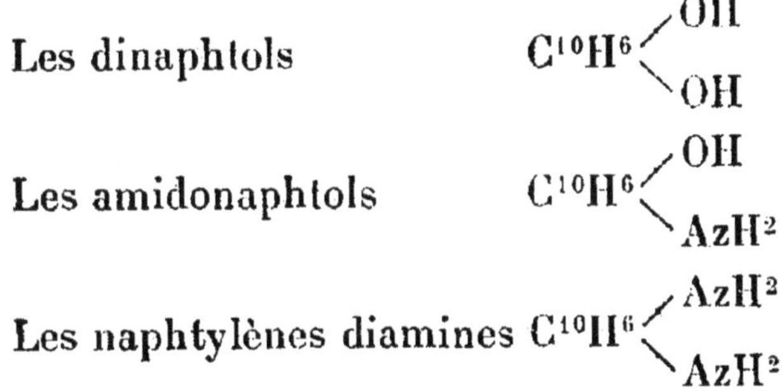

Les dinaphtols $C^{10}H^6$

Les amidonaphtols $C^{10}H^6$

Les naphtylènes diamines $C^{10}H^6$

26. — 2° *La condition précédente est nécessaire; mais elle ne paraît absolument suffisante que dans la série para; elle l'est généralement dans la série ortho, mais n'a aucune valeur dans la série méta.*

C'est ainsi que l'hydroquinone et la pyrocaté-

chine révèlent l'image latente tandis que la résorcine pure ne la révèle pas.

C'est ainsi que l'*orcine* :

$$CH^3$$

$$OH$$

$$OH$$

ne révèle pas, tandis que son isomère, l'hydro-
toluquinone :

$$CH^3$$

$$OH$$

$$OH \qquad OH$$

dans lequel les deux hydroxyles sont en position
para, révèle très bien.

27. — *3° Le pouvoir développateur peut
persister quand il y a dans la molécule un plus
grand nombre de groupements* OH *ou* AzH^2.

Seul, le pyrogallol $C^6H^3(OH)^3_{1.2.3}$ était connu
comme tel. MM. A. et L. Lumière ont vérifié le
fait sur les corps suivants :

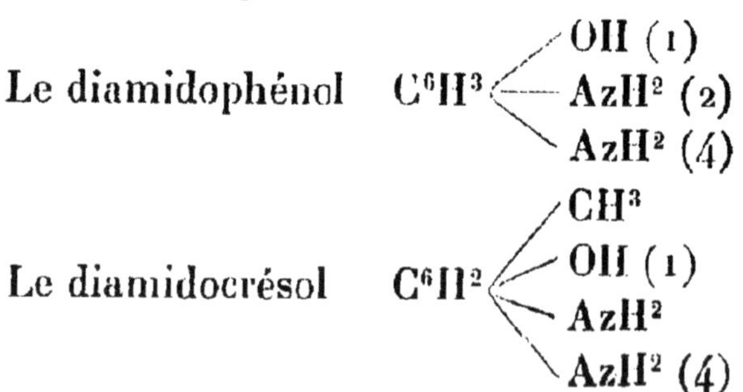

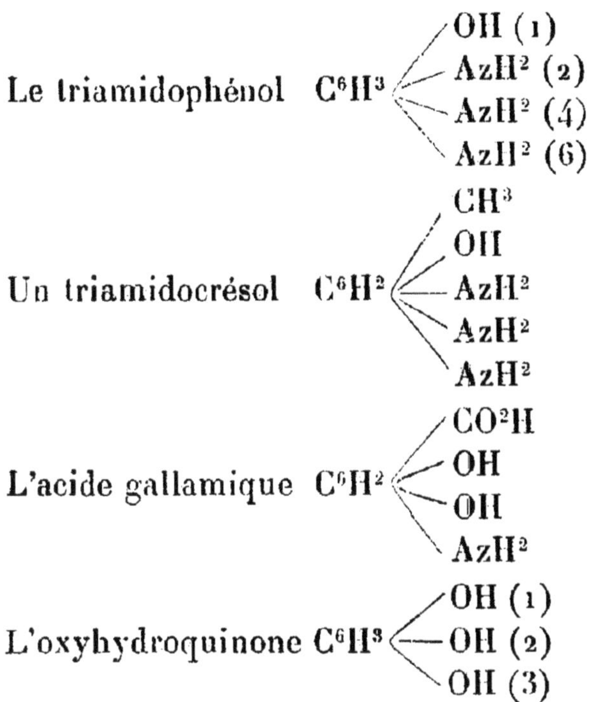

Au contraire, la phloroglucine :

n'est pas révélatrice.

28. — *4° Quand la molécule résulte de la soudure de deux ou plusieurs noyaux ben-ziques, ou bien de noyaux benziques et d'autres noyaux, les remarques précédentes ne sont applicables que si les groupes hydroxyles et amidogènes existent dans un même noyau aromatique.*

En ce qui concerne, par exemple, les corps de

la série naphtalique, les deux hydroxyles doivent
appartenir à un même noyau benzénique. Ainsi
la dioxyquinoléine :

$$OH$$

est un révélateur.

Au contraire, la benzidine

$$C^6H^3 — AzH^2$$
$$|$$
$$C^6H^3 — AzH^2$$

dans laquelle il n'y a qu'un AzH^2 dans chaque
noyau benzénique, ne peut révéler.

Le Dr Andresen a trouvé quelques exceptions
à cette dernière règle : les corps :

développent l'image latente.

29. — *5° Si dans une substance dont la
fonction développatrice est constituée uniquement par des groupes phénoliques OH, on*

effectue sur l'H d'un ou plusieurs de ces hy-droxyles des substitutions, et notamment des substitutions alkylées (radicaux monovalents de carbures gras) *la fonction développatrice dis-paraît s'il ne reste pas dans la molécule au moins deux oxhydriles intacts en position ortho ou para.*

C'est ainsi que la diméthylhydroquinone

$$C^6H^4 < \begin{matrix} OCH^3 \ (1) \\ OCH^3 \ (4) \end{matrix}$$

ne jouit en rien des propriétés révélatrices de l'hydroquinone dont elle est l'éther diméthy-lique.

Si, en 1890, M. le colonel Waterhouse a pu signaler comme agent révélateur le gaïacol [1], éther monométhylique de la pyrocatéchine

$$C^6H^4 < \begin{matrix} OH \ (1) \\ OCH^3 \ (2) \end{matrix},$$

MM. Lumière ont montré par la suite qu'il n'y avait là qu'une exception apparente à la règle ci-dessus formulée; étant parvenus non sans difficultés [2] à préparer du gaïacol pur, ils ont pu constater que ce corps pris à l'état de pureté absolue n'était pas un révélateur.

---

[1] *Photographic News*, 5 juin 1890.
[2] *Bulletin de la Société française de Photographie,* 1er décembre 1892, p. 628.

Dans le cas des amidophénols et des polyamines, les opinions des divers auteurs ont été
longtemps divergentes. Le Dr Andresen signalait
entre autres les fonctions révélatrices du diméthylparamidophénol dans lequel les deux H
du groupe amidogène AzH^2 sont remplacés par
les radicaux CH^3

$$C^6H^4 \diagup \begin{matrix} OH\ (1) \\ Az \end{matrix} \diagup \begin{matrix} CH^3 \\ CH^3\ (4) \end{matrix}$$

A cet exemple, MM. Lumière opposaient alors
le dérivé diéthylé correspondant

$$C^6H^4 \diagup \begin{matrix} OH\ (1) \\ Az \end{matrix} \diagup \begin{matrix} C^2H^5 \\ C^2H^5\ (4) \end{matrix}$$

dont ils n'avaient pu constater les propriétés
révélatrices.

Depuis, MM. Lumière et Seyewetz ont reconnu ([1]) que les substitutions alkylées effectuées dans les groupes de la fonction développatrice des polyamines ne détruisent pas cette
fonction, quel que soit le nombre des substitutions.

MM. Lumière et Seyewetz ont fondé cet énoncé
sur l'étude des divers produits substitués ci-

([1]) *Bulletin de la Société française de Photographie*, 15 mars 1898; p. 15 et suiv.

dessous auxquels ils ont reconnu les propriétés
d'excellents révélateurs monométhylparaphény-
lène diamine

$$C^6H^4 \begin{cases} Az \begin{cases} H & (1) \\ CH^2 \end{cases} \\ AzH^2 & (4) \end{cases}$$

diméthylparaphénylène diamine asymétrique

$$C^6H^4 \begin{cases} Az \begin{cases} CH^3 & (1) \\ CH^3 \end{cases} \\ AzH^3 & (4) \end{cases}$$

tétraméthylparaphénylène diamine

$$C^6H^4 \begin{cases} Az(CH^3)^2 & (1) \\ Az(CH^3)^2 & (4) \end{cases}$$

Ces trois corps fonctionnent même comme révélateurs en l'absence de tout alcali libre, simplement en présence du sulfite de sodium.

Par analogie avec les faits déjà connus, on
peut, jusqu'à preuve du contraire, généraliser
ces conclusions, d'une part, aux isomères ortho
substitués de ces substances et, d'autre part,
aux produits de substitution des divers radicaux
gras jouant un rôle analogue au méthyle, soit
donc C^2H^5, C^3H^7...

Dans les amidophénols, la disparition des
propriétés révélatrices se produit toutes les fois
que la substitution a lieu dans le groupement
phénolique, en supposant qu'il ne reste pas dans

la molécule d'autres groupements oxhydriles ou amidogènes en position para ou ortho. Les substitution, en nombre quelconque dans les groupements amidogènes, n'affectent pas les propriétés révélatrices. C'est ainsi que le

monométhylparamidophénol $C^6H^4\diagdown\begin{matrix}OH \quad (1)\\ Az\diagup H\diagdown_{CH^3(4)}\end{matrix}$

et le

diméthylparamidophénol $C^6H^4\diagdown\begin{matrix}OH \qquad (1)\\ Az(CH^3)^2 \quad (4)\end{matrix}$

sont des révélateurs, tandis que l'isomère du monométhylparamidophénol, l'éther méthylique

du paramidophénolparanisidine $C^6H^4\diagdown\begin{matrix}O.CH^3\\ AzH^2\end{matrix}$

ne peut, quoi qu'on fasse, jouer le rôle d'un révélateur.

Ces divers résultats sont assez rationnels, si l'on remarque que les substitutions alkylées effectuées dans un groupe amidogène ne détruisent nullement la fonction amine ni les propriétés basiques du groupe ni n'empêchent en rien la transformation en groupe quinonique par l'oxydation tandis qu'une substitution analogue dans un groupe phénolique, c'est-à-dire sans éthérification, lui font perdre toutes ses propriétés phénoliques.

30. — 6° *Les autres substitutions qu'on peut faire dans les* CH *du noyau ne paraissent pas supprimer le pouvoir développateur* (¹).

La vérification de cette remarque a montré que les corps suivants étaient des révélateurs :

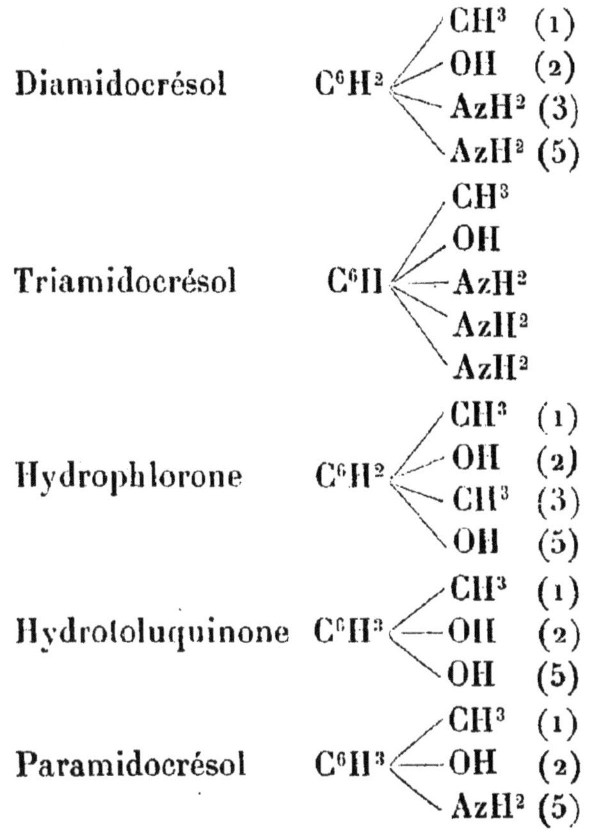

Il est à remarquer que les substitutions dans le noyau du corps développateur influent sur ses propriétés et à tel point qu'elles deviennent

(¹) *Photographische Mittheilungen*, novembre 1891.

décisives relativement à son utilisation pratique ([1]).

C'est ainsi que l'amidonaphtol

$$C^{16}H^6\begin{cases}AzH^2\ (\alpha)\\OH\ \ \ \ (\beta)\end{cases}$$

ne peut être utilisé à cause de sa trop faible solubilité dans l'eau.

La sulfonation de tels corps les rend souvent solubles ; c'est le cas de l'iconogène :

$$C^{10}H^5\begin{cases}AzH^2\ (\alpha)\\-OH\ \ \ \ (\beta),\\SO^3Na\end{cases}$$

mais restreint quelquefois les propriétés révélatrices.

Le pouvoir développateur n'est pas plus détruit par la fonction aldéhydique, la fonction acide... que par la sulfonation lorsque la molécule renferme le groupe CO^2H.

Les corps suivants, par exemple, développent l'image latente :

$$\text{Acide amidosalicylique}\ C^6H^3\begin{cases}CO^2H\ (1)\\-OH\ \ \ \ (2)\\AzH^2\ (3)\end{cases}$$

$$\text{Acide caféique}\ C^6H^3\begin{cases}OH\ \ \ \ \ \ \ \ \ \ \ \ \ \ \ \ (1)\\-OH\ \ \ \ \ \ \ \ \ \ \ \ \ (2)\\CH=CH-CO^2H\ (3)\end{cases}$$

([1]) A. SEYEWETZ — *Le développement de l'image latente*, p. 34.

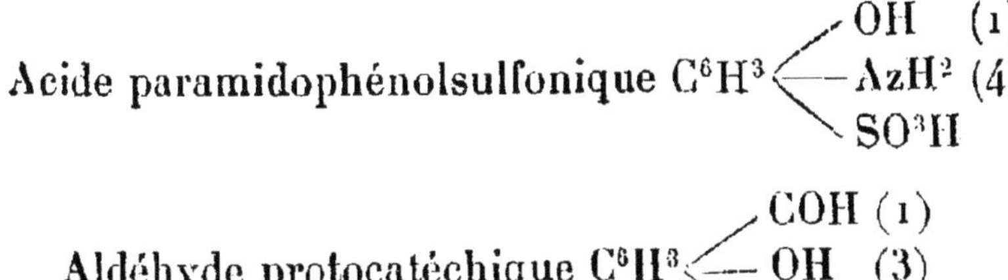

Acide paramidophénolsulfonique C^6H^3
- OH (1)
- AzH^2 (4)
- SO^3H

Aldéhyde protocatéchique C^6H^3
- COH (1)
- OH (3)
- OH (4)

Cependant, lorsque la molécule renferme le groupement carboxylique CO^2H, la substance ne révèle l'image latente qu'en présence d'une base énergique. Et lorsque la fonction développatrice est due uniquement à des oxhydriques, le groupe CO^2H étant substitué directement dans le noyau aromatique, la substance ne révèle pas.

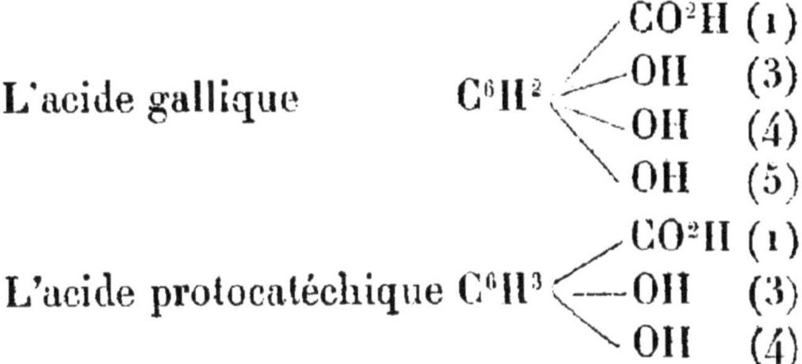

L'acide gallique C^6H^2
- CO^2H (1)
- OH (3)
- OH (4)
- OH (5)

L'acide protocatéchique C^6H^3
- CO^2H (1)
- OH (3)
- OH (4)

bien que renfermant deux oxhydriles en ortho ne révèlent pas.

Mais si on réalise dans le groupe CO^2H des substitutions méthyliques ou **éthyliques**, on obtient des révélateurs tels que :

Le gallate de méthyle C^6H^2
- $CO - CH^3$
- OH
- OH
- OH

Le gallate d'éthyle   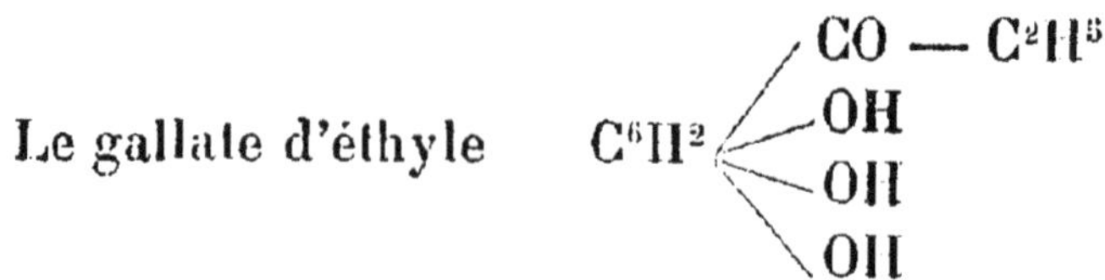

Cette exception est donc bien due au groupe CO^2H ([1]).

31. Influence du groupe cétonique. — Il y avait lieu de se demander si la présence du groupe cétonique CO, qui jouit de propriétés acides faibles, atténuait le pouvoir développateur, comme le fait le groupe CO^2H. L'étude des propriétés révélatrices de nombreux corps a permis à MM. Lumière frères et Seyewetz de formuler à ce sujet les conclusions suivantes :

1° *Le groupement cétonique substitué dans un noyau renfermant une ou plusieurs fonctions phénoliques développatrices ne modifie pas sensiblement les propriétés que lui confèrent ces fonctions, lorsque ce groupe cétonique est soudé, d'autre part, à un résidu gras ou à un noyau aromatique ne renfermant pas d'oxhydrile.* C'est ainsi que

la chinacétophénone

([1]) A. et L. LUMIÈRE. — *Sur le développement en liqueur acide.* Bulletin de la Société française de Photographie, 15 janvier 1893, p. 47.

la gallacétophénone

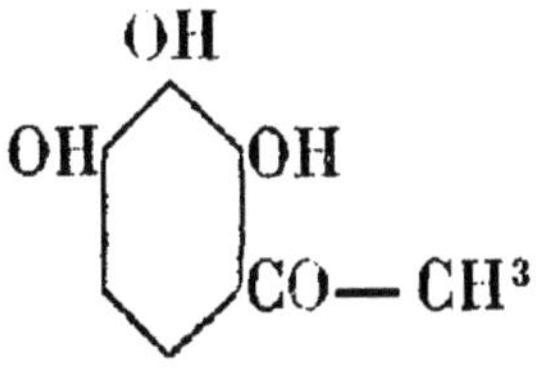

$$\begin{array}{c} OH \\ OH \overset{}{\bigcirc} OH \\ CO-CH^3 \end{array}$$

la trioxybenzophénone

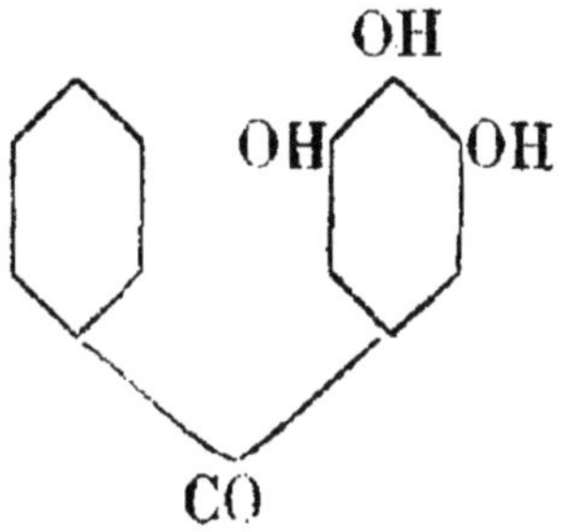

$$\begin{array}{c} OH \\ OH \bigcirc OH \\ CO \end{array}$$

révèlent l'image latente.

2° *Le pouvoir révélateur est détruit, dès qu'une ou plusieurs substitutions hydroxylées ont lieu dans ce deuxième noyau aromatique, quelle que soit la position relative des oxhydriles.*

C'est ainsi que les tétraoxybenzophénones, les penta, hexaoxyphénones ne révèlent pas..

On ne peut donc pas, comme on avait pu le penser *a priori*, augmenter le pouvoir développateur d'un polyphénol en lui soudant un deuxième noyau polyphénolique par l'intermédiaire d'un groupe cétonique qui a, au contraire, pour effet de détruire complètement le pouvoir développateur (¹).

(¹) *Bulletin de la Société Française de Photographie*, 1ᵉʳ septembre 1897, p. 422.

L'hexoxybenzophénone :

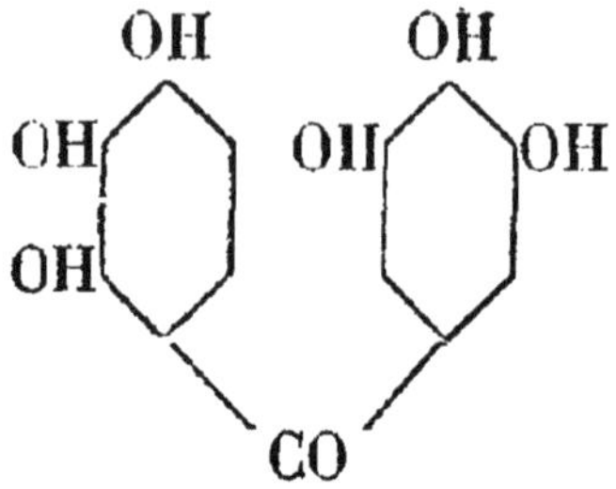

$$\mathrm{OH}\qquad\mathrm{OH}$$

produit de condensation de l'acide gallique et du pyrogallol, qu'on peut considérer comme formé de deux molécules de pyrogallol unies par un carbonyle, ne révèle pas.

32. Salification des groupes de la fonction révélatrice [1]. — Les mono ou diamines révélatrices ne renfermant qu'une fois la fonction développatrice, paraphénylène diamine et paramidophénol, par exemple, ne peuvent révéler l'image latente qu'à l'état de base libre en solution aqueuse ou mieux en solution alcaline [2]. Si, au contraire, le composé renferme deux ou plusieurs fois la fonction révélatrice, comme, par exemple, les ortho et paradiamido-

----

[1] A. et L. LUMIÈRE et SEYEWETZ. — *Bulletin de la Société Française de Photographie,* 1er janvier 1899, p. 31.

[2] On utilise, dans la pratique, certains sels de ces composés, le chlorhydrate de paramidophénol par exemple, mais en présence d'un alcali libre qui libère d'abord la base active et dont l'excès favorise le développement.

phénols, ses sels et, entre autres, ses chlorhydrates, jouissent des mêmes propriétés révélatrices que la base libre. Ils fonctionnent du moins en l'absence d'alcali, si, à leur solution, on a ajouté du sulfite de sodium dont on peut admettre le dédoublement en alcali libre et bisulfite.

Les polyphénols révélateurs dans la constitution desquels ne figure aucun groupe amidogène ne développent l'image latente qu'à l'état de phénates alcalins, ou, ce qui revient au même, en présence d'un corps à réaction alcaline susceptible de salifier les groupes oxhydriles.

MM. Lumière et Seyewetz ont recherché récemment comment se comportaient ces divers corps quand, au lieu de salifier les oxhydriles par des alcalis, on les salifie par des amines et quand, au lieu de saturer les groupes amidogènes par des acides, on les sature par des phénols. Ces expérimentateurs ont borné leurs recherches au cas des combinaisons définies d'une amine révélatrice avec un phénol ou d'un phénol révélateur avec une amine.

1° *Révélateurs phénoliques*. Les amines grasses peuvent être employées comme succédanés des alcalis dans les divers révélateurs phénoliques, bien que l'ammoniaque soit, avec la plupart d'entre eux, inutilisable (§ **41**). L'odeur fétide des amines grasses s'oppose malheureusement à leur emploi régulier qui, sans cet inconvénient, pourrait présenter quelques avantages au point de vue de l'énergie. Ces amines grasses n'ont pas donné de combinaisons définies avec les polyphénols essayés.

Plusieurs monoamines aromatiques ont, au contraire, donné des composés cristallisés, insolubles dans l'eau, solubles dans les solutions alcooliques :

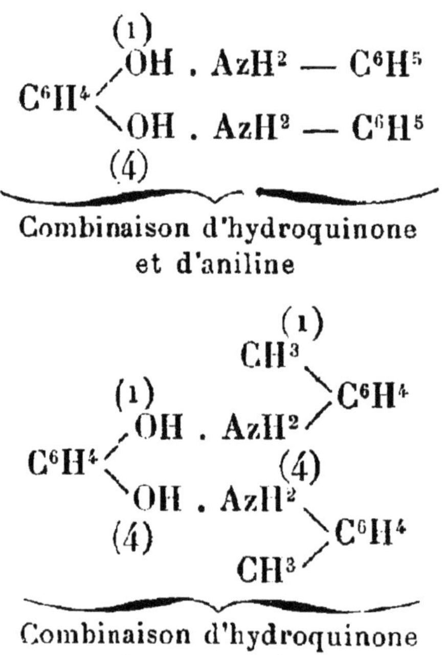

Combinaison d'hydroquinone
et d'aniline

Combinaison d'hydroquinone
et de paratoluidine

Les solutions de ces corps ne révèlent pas l'image latente même en présence de sulfite ; on peut avec elles constituer des révélateurs par addition d'alcalis, les alcalis les saponifiant au premier contact, avec formation du phénol révélateur. Les polyamines non révélatrices se comportent de même. Les bases pyridiques soumises aux expériences ont fourni les mêmes résultats que les amines aromatiques.

La phénylhydrazine qui, employée à l'état de solution hydroalcoolique pure, développe l'image latente sans addition de sulfite ni d'alcali donne avec les diphénols des produits d'addition analogues à

$$C^6H^4 \begin{cases} (1) \\ OH . AzH^2 - AzH - C^6H^5 \\ OH . AzH^2 - AzH - C^6H^5 \\ (4) \end{cases}$$

(Combinaison d'hydroquinone
et de phénylhydrazine)

Il semblait *a priori* qu'une telle combinaison dut révéler l'image latente sans alcali ; il n'en est rien et bien au contraire, ce composé n'est doué que de peu d'énergie ; encore les images qu'il fournit sont-elles le plus souvent voilées.

2° *Amines révélatrices.* Les combinaisons des polyamines révélatrices avec les mono ou les polyphénols possédant ou non la fonction révélatrice sont susceptibles de développer l'image latente en solution aqueuse pure, sans addition de sulfite ni d'alcali.

En particulier, les combinaisons cristallisées des diamines révélateurs et des monophénols

(phénol ordinaire, crésol)

$$C^6H^4 \Big\langle {}^{AzH^2 \,.\, OH \,-\, C^6H^5}_{AzH^2 \,.\, OH \,-\, C^6H^5}$$

Combinaison de paraphénylènediamine
et de phénol

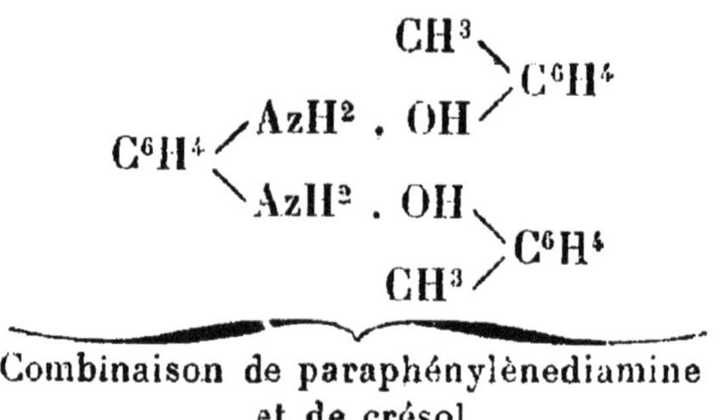

Combinaison de paraphénylènediamine
et de crésol

développent lentement l'image latente en solution hydroalcoolique. L'addition d'alcali sapo-
nifie ces composés et le mélange se comporte
comme un révélateur préparé seulement avec la
paraphénylènediamine dissociée.

Comme type d'association d'une polyamine
développatrice avec un diphénol non révélateur,
MM. Lumière et Seyewetz ont étudié les combinaisons définies de la résorcine avec le para et
l'ortho phénylènediamine

$$C^6H^4 \Big\langle {}^{AzH^2 \,.\, {}^{(1)} \qquad {}^{(1)} \, OH}_{AzH^2 \,.\, \quad OH} \Big\rangle C^6H^4$$
$$\qquad (2 \text{ ou } 4) \quad (3)$$

Un tel composé se comporte, quoique avec une

énergie légèrement moindre, comme ceux d'une amine révélatrice avec un diphénol révélateur. Comme types de ces corps, on a expérimenté depuis, les combinaisons obtenues en traitant la para ou l'orthophénylènediamine sur l'hydroquinone ou la pyrocatéchine.

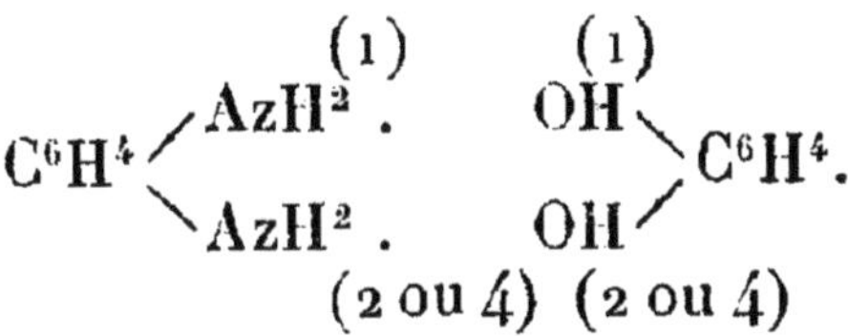

Ces divers composés, peu solubles dans l'eau, sont assez solubles dans l'eau alcoolique. Ils développent lentement l'image latente en solution hydroalcoolique pure, sans être additionnés de carbonates d'alcalis ni de sulfites. Additionnés d'alcalis, et grâce à la dissociation partielle, ces composés constituent d'excellents révélateurs parmi lesquels le plus intéressant est la combinaison d'hydroquinone et de paraphénylène diamine (hydramine). Des conclusions identiques ont été fournies par l'étude dans les mêmes conditions de quelques homologues supérieurs, et en particulier du pyrogallol.

33. — Il est à remarquer que tous les corps précédemment cités appartiennent à la série aromatique. Aucun corps réducteur de la série grasse n'a encore été signalé comme susceptible de révéler l'image latente, même quand ils renferment les groupements OH ou AzH^2 comme :

L'éthylène diamine $C^2H^4 (AzH^2)^2$.

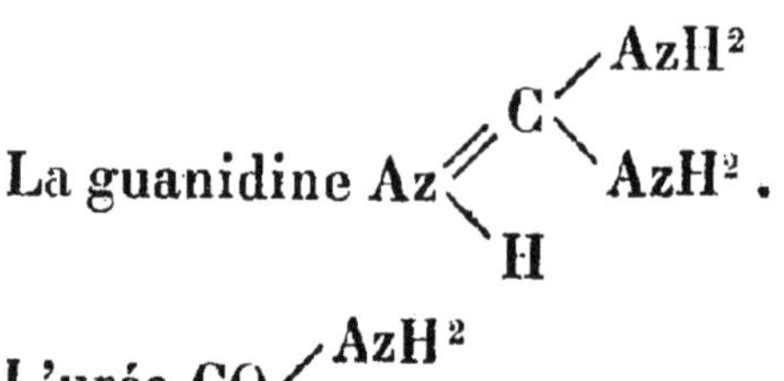

La guanidine Az ...

L'urée CO ...

34. — Les corps

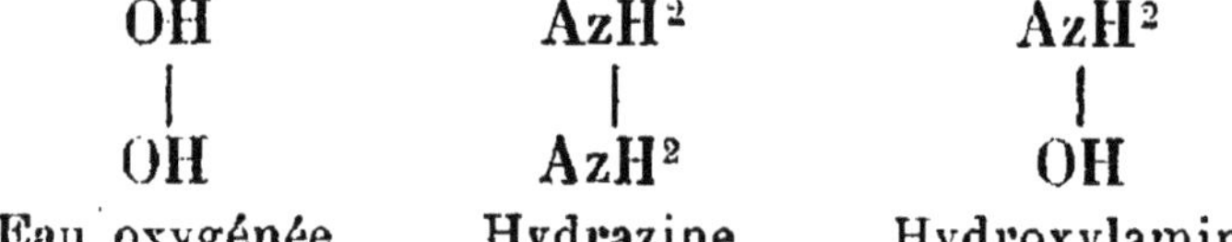

OH	AzH²	AzH²
OH	AzH²	OH
Eau oxygénée	Hydrazine	Hydroxylamine

ont été souvent considérés, à tort, comme des révélateurs.

Par contre, ces corps développent l'image latente quand les groupes qui constituent leurs fonctions sont substitués par un radical aromatique, comme l'ont montré MM. A. et L. Lumière ([1]).

C'est ainsi que la phénylhydrazine ([2])

$$C^6H^5 — AzH — AzH^2$$

est un révélateur en simple solution hydro-alcoolique, que la phénylhydroxylamine :

$$C^6H^5 — AzH^2 — OH$$

([1]) *Bulletin de la Société Française de Photographie*, mai 1896.

([2]) *Bulletin de la Société Française de Photographie*, 15 août 1894.

développe en présence d'alcalis ou de carbonates alcalins.

Il en est de même des homologues des toluhydroxylamines dérivées des nitroxylènes suivants :

$$C^6H^3 \!\!\begin{cases} CH^3 \ (1) \\ CH^3 \ (4) \\ AzO^2\,(2) \end{cases} \qquad C^6H^3 \!\!\begin{cases} CH^3 \ (1) \\ CH^3 \ (2) \\ AzO^2\,(3) \end{cases}$$

Ce pouvoir développateur de l'image latente photographique pourra, comme le disent avec raison MM. Lumière ([1]), être utilisé pour caractériser la fonction hydroxylamine dans la série aromatique.

35. Développement en liqueur neutre et acide. — Nombre de corps réducteurs employés comme révélateurs ne développent qu'en solution alcaline : ce sont surtout les premiers que l'on a utilisés : hydroquinone, iconogène, paramidophénol. Dès 1886, le capitaine Abney ([2]) avait constaté que le pyrogallol que l'on employait toujours en solution alcaline, développait aussi bien en présence de sulfite de soude rendu nettement acide par addition soit d'acide chlorhydrique, soit de bisulfite et qu'au contraire l'hydroquinone ne révélait pas en liqueur acide.

([1]) *Bulletin de la Société Française de Photographie.* 15 octobre 1894.

([2]) *Bulletin de la Société Française de Photographie*, 1886, p. 25.

36. — MM. Auguste et Louis Lumière ([1]) ont, dans leurs belles recherches sur la fonction révélatrice, rencontré d'autres corps susceptibles de révéler en liqueur neutre et même acide. Ils ont cherché les relations qui existaient entre la constitution chimique des corps organiques et leur propriété de développer en solution neutre ou acide.

Ils ont tiré de leurs expériences à ce sujet des conclusions générales, qu'ils ne considèrent pas comme absolues, conclusions que nous reproduisons :

Les substances qui présentent plus de deux substitutions OH ou AzH² (à l'exception des trisubstitués symétriques) et plus spécialement celles qui possèdent plusieurs fois la fonction développatrice et dont la molécule ne contient pas de groupement acide CO²H sont susceptibles de développer en solution neutre et même en solution acide.

Sont dans ce cas :

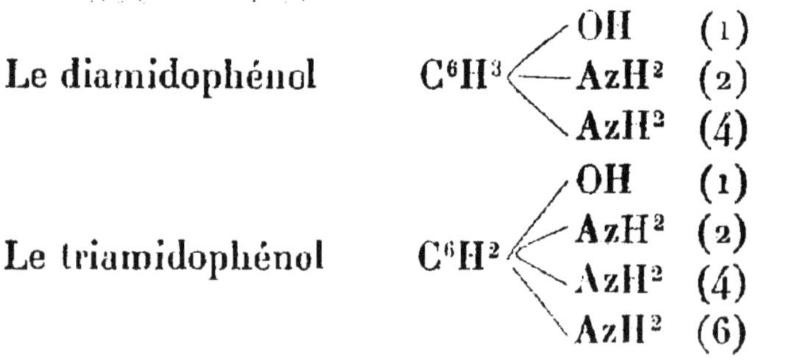

([1]) *Bulletin de la Société Française de Photographie*, 15 janvier 1893, p. 47 et 15 décembre 1894, p. 585.

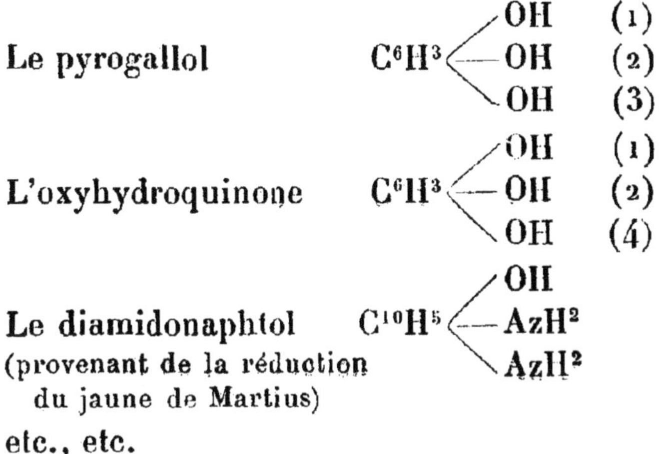

Le pyrogallol C^6H^3 — OH (1), OH (2), OH (3)

L'oxyhydroquinone C^6H^3 — OH (1), OH (2), OH (4)

Le diamidonaphtol $C^{10}H^5$ — OH, AzH^2, AzH^2
(provenant de la réduction
du jaune de Martius)

etc., etc.

Au point de vue pratique, il y a avantage à
employer ceux de ces corps qui sont très solubles
dans l'eau. Les solutions alcalines attaquent, en
effet facilement, la gélatine qui sert de substratum
au bromure d'argent, surtout dans les pays
chauds ou pendant les fortes chaleurs de l'été.

CHAPITRE VI

—

LES AGENTS DU DÉVELOPPEMENT

I. RÉDUCTEURS [1]

37. Oxalate ferreux. — C^2O^4Fe. Poudre jaune pâle, s'altérant à l'air humide, presque insoluble dans l'eau froide, insoluble dans l'alcool et l'éther, soluble dans les solutions d'oxalates alcalins. Prend naissance quand on mélange un sel ferreux et un oxalate soluble ou l'acide oxalique.

---

[1] Nous donnons la liste et les principales propriétés des réducteurs usités comme révélateurs dans la pratique, d'après un tableau donné par le Dr Andresen dans *Photographische correspondenz*, p. 12, 1898. Ce tableau a été traduit dans l'excellent ouvrage de M. A. Seyewetz. *Le développement de l'image latente en Photographie.* Paris, Gauthier-Villars, éditeur, 1899. Le nom en petites capitales est le nom commercial ; à la suite se trouve, en caractères ordinaires, les synonymes ; le nom placé entre parenthèses et en italique est le nom scientifique.

Hydroquinone (*Paradioxybenzène*) 

Aiguilles ou longs prismes hexagonaux facilement solubles dans l'alcool, l'éther et l'eau chaude, se dissolvant plus difficilement dans l'eau froide. Employée comme révélateur en présence d'alcalis ou de carbonates alcalins ; donne des images brun noir à gros grains, ne tache pas les doigts.

Paramidophénol (*Paramidophénol*)

Cristallise en lamelles qui fondent à 184° en se décomposant, facilement solubles dans l'eau chaude, plus difficilement dans l'eau froide ; assez solubles dans l'alcool, difficilement solubles dans l'éther ; le chlorhydrate de paramidophénol est facilement soluble dans l'eau, difficilement soluble dans l'alcool et l'éther ([1]). Employé avec les alcalis carbonatés et caustiques.

Paraphénylène diamine (*Paraphénylène dia-mine*). — Tablettes tricliniques fondant à 140°,

---

[1] Le *rodinal* n'est autre que le chlorhydrate de paramidophénol.

facilement solubles dans l'alcool et l'éther, moins
facilement solubles dans l'eau. Le chlorhydrate
est facilement soluble dans l'eau, peu soluble
dans l'alcool, insoluble dans l'éther. Employé
avec les alcalis caustiques ou carbonatés.

PYROCATÉCHINE (*Orthodioxybenzène*) 

Lamelles larges (par cristallisation dans le benzène) ou aiguilles prismatiques (par cristallisation dans l'eau) fondant à 104°, solubles dans
l'eau, l'alcool, l'éther, le benzène ; s'emploie avec
les alcalis caustiques ou carbonatés.

MÉTOL (*Sulfate de méthylparamidophénol*)

$$\text{OH} \quad \bigcirc \quad \text{AzH(CH}^3) \quad \left(\frac{\text{SO}^4\text{H}^2}{2}\right)$$

Aiguilles ou prismes se décomposant à la chaleur sans fondre préalablement, facilement solubles dans l'eau, très difficilement solubles dans
l'éther et l'alcool ; s'emploie comme révélateur
en présence des alcalis carbonatés. La base libre,
se présentant sous forme de cristaux à longues
aiguilles est facilement soluble dans l'alcool,

l'éther et l'eau chaude, moins facilement dans l'eau froide.

GLYCINE (*Paraoxyphénylglycine*)

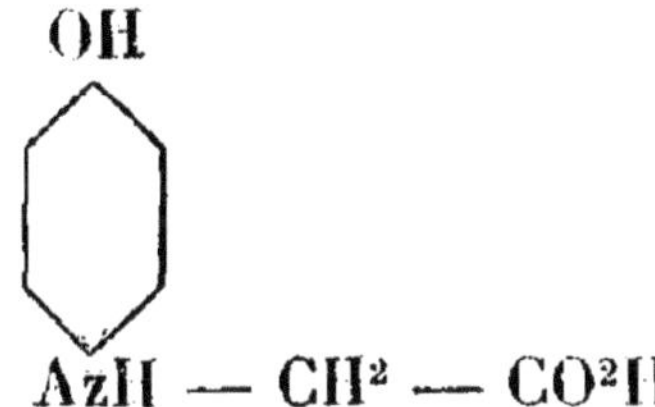

Lamelles ressemblant au mica, fondant en se décomposant, difficilement solubles dans l'eau et l'alcool, insolubles dans l'éther. S'emploie comme révélateur, additionnée d'alcalis caustiques ou carbonatés.

PYROGALLOL. Acide pyrogallique [1] (1,2,4 *Trioxybenzène*) . — Aiguilles brillantes, incolores, fondant à 132°,5 facilement solubles dans l'eau, l'alcool et l'éther ; employé en carbonates alcalins ou d'ammoniaque ; donne des images brun jaune à grain fin. Brunit rapidement. Tache les doigts en brun.

DIAMIDOPHÉNOL ou AMIDOL (*Chlorhydrate de* 1,2,4 *diamidophénol*). — Aiguilles incolores, se décomposant par la chaleur sans fondre, facilement solubles dans l'eau, presque insolubles

---

[1] Expression mauvaise.

dans l'éther et l'alcool employé comme révélateur en présence de *sulfites alcalins neutres.*

DIAMIDORÉSORCINE (*Chlorhydrate de* 1,2,3,4 *diamidorésorcine*).

$$\text{OH}$$

AzH²(HCl)
OH
AzH²(HCl)

Tables rhomboédriques se décomposant par la chaleur sans fondre, facilement solubles dans l'eau ; difficilement solubles dans l'alcool et l'éther ; employée comme révélateur en présence de sulfites alcalins neutres sans addition d'alcalis.

TRIAMIDOPHÉNOL (*Chlorhydrate de* 1,2,4,6 *triamidophénol*).

OH
HCl(AzH²) AzH²(HCl)
AzH²(HCl)

Aiguilles se décomposant sans fusion préalable facilement solubles dans l'eau, très difficilement solubles dans l'alcool et l'éther ; s'emploie en présence de sulfites alcalins neutres, sans alcalis.

ICONOGÈNE (*Sel sodique de l'acide* α_1-*amido-*β_1-*naphtol-*β_3-*sulfonique*).

AzH²
OH
SO³Na

Tables rhomboédriques, perdant à 110°, 2 molécules 5 d'eau de cristallisation et au delà se décomposant sans fondre, facilement solubles dans l'eau chaude, peu solubles dans l'eau froide, presque insolubles dans l'alcool et l'éther. S'emploie en présence de sulfites neutres et d'alcalis carbonatés ; donne des images gris bleu à grain fin. Verdit à l'air, puis brunit, tache les doigts en rose.

DIAMIDO-OXYDIPHÉNYLE (*Diamidoxydiphényle*).

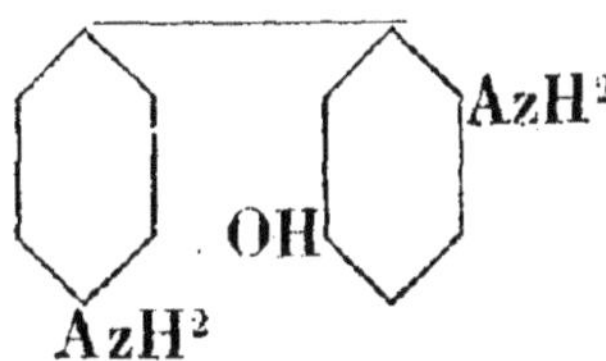

Aiguilles feutrées (cristallisation dans l'eau) fondant à 148°, facilement solubles dans l'alcool, l'acide acétique cristallisable et l'eau chaude difficilement soluble dans le benzène et l'eau froide. S'emploie en présence de carbonates alcalins.

ORTHOL (*Mélange de sulfate de méthylorthoamidophénol et d'hydroquinone*).

Le sulfate de méthylorthoamidophénol cristal-

lise en tables rhomboédriques et en prismes, se
décomposant à la chaleur sans fusion préalable ;
solubles dans l'eau, insolubles dans l'alcool et
l'éther (l'hydroquinone s'y dissout). L'orthol
s'emploie avec les carbonates alcalins.

Hydramine [1] (*Combinaison définie d'hydroquinone et de paraphénylène diamine*) :

$$\left(C^6H^4\!\!<^{\displaystyle OH\,(1)}_{\displaystyle OH\,(4)}\right)\left(^{\displaystyle (1)\,AzH^2}_{\displaystyle (4)\,AzH^2}\!\!>C^6H^4\right)$$

Cette combinaison se présente en belles écailles
blanches, fondant vers 194-195 degrés en un
liquide brun rouge, peu solubles dans l'eau ;
solubilité $\frac{1}{500}$ à 15 degrés, beaucoup plus solubles à chaud, 5 % à 100 degrés, peu solubles
dans l'alcool froid, solubles, dans l'acétone, se
dissolvant facilement dans les acides et dans
les alcalis. Cette dernière solution brunit peu
à peu à l'air, mais la présence du sulfite de
soude empêche ce brunissement. Les acides
et les alcalis décomposent, à l'ébullition, la
combinaison en ses composants : paraphénylène diamine et hydroquinone. Le perchlorure
de fer donne, dans la solution aqueuse, une co-

---

[1] Par suite de la difficulté qu'aurait présentée la
dénomination de la nouvelle combinaison, d'après sa
constitution chimique, MM. Lumière ont dû déroger
à leurs habitudes et lui donner un nom conventionnel :
hydramine.

loration bleu foncé virant rapidement au rouge
foncé ; un excès de ce corps transforme le composé en quinone.

II. ALCALIS

38. — Nous avons vu le rôle des alcalis dans
le développement ; nous avons vu aussi qu'on
employait non seulement les alcalis libres, mais
encore les carbonates alcalins ; il faut aussi considérer parmi les alcalis la lithine caustique,
dont on emploie aussi le carbonate ; mais le carbonate de lithine est peu soluble dans l'eau ; il
est plus soluble dans l'eau contenant en solution
un carbonate alcalin ; aussi associe-t-on le plus
souvent le carbonate de lithine carbonate de
sodium. On a aussi recommandé l'emploi de
divers sels comme les saccharates, les silicates,
qui sont très peu employés.

Nous verrons plus loin (§ 45) qu'en réalité, les
quantités des divers alcalis qui peuvent se remplacer dans un révélateur sont proportionnées à leurs
énergies chimiques et non à leurs équivalents.

Nous donnons ci-dessous, extrait du *Dictionnaire de Chimie photographique* de Fourtier, le
tableau des alcalis les plus usités (¹) :

(¹) H. FOURTIER. — *Dictionnaire pratique de Chimie
photographique.* Paris, Gauthier-Villars et fils, édi-
teurs, 1892.

ÉQUIVALENCE DES ALCALIS

Soude	Potasse	Lithine	Ammoniaque	Carbonate de soude	Carbonate de potasse
1	1,400	0,600	0,425	2,650	3,449
0,714	1	0,428	0,301	1,927	2,461
0,377	0,528	0,226	0,160	1	1,301
0,289	0,405	0,173	0,123	0,768	1
0,352	3,298	1,401	1	6,235	8,117
1,666	2,333	1	0,708	4,416	5,750

39. Emploi du phosphate tribasique de sodium. — Les alcalis généralement employés présentent l'inconvénient de dissoudre les aspérités de la peau des doigts, ce qui rend difficile la manipulation des clichés pendant le développement, et celui de désorganiser la gélatine. Aussi MM. Lumière frères et Seyewetz ont-ils cherché s'il ne serait pas possible de substituer aux alcalis ou aux carbonates alcalins d'autres corps à réaction alcaline, n'ayant pas ces inconvénients. Après avoir constaté qu'un certain nombre de substances à réaction alcaline faible telles que l'acétate de soude, le borax, le phosphate neutre de soude, etc., ne donnaient pas de résultats pratiquement utilisables, ils se sont adressés aux sels alcalins des acides tribasiques. L'arséniate trisodique étant vénéneux, ils se sont occupé surtout du phosphate tribasique de soude (¹). On

sait que les trois oxhydriles de l'acide orthophos-
phorique

$$O = P\begin{cases} -OH \\ -OH \\ -OH \end{cases}$$

ont des caractères acides très différents les uns
des autres : l'un a des propriétés acides très
énergiques ; le second a des propriétés acides très
faibles et le troisième a des propriétés acides tellement atténuées qu'on ne peut passer du phosphate bibasique au phosphate tribasique que par
action d'un alcali caustique :

$$O = P\begin{cases} -OH \\ -ONa \\ -ONa \end{cases} + NaOH = H^2O + PO\begin{cases} -ONa \\ -ONa \\ -ONa \end{cases}$$

Phosphate disodique   Soude   Phosphate trisodique

et que la molécule d'alcali ainsi fixée à l'acide
est très facilement libérable même sous l'action
d'un acide faible, tel que l'acide carbonique. Cet
alcali est, dans le développement, mis en liberté
par l'acide bromhydrique, mais seulement au
fur et à mesure de la production de ce dernier.
La réaction est la suivante :

$$PO\begin{cases} -ONa \\ -ONa \\ -ONa \end{cases} + HBr = PO\begin{cases} -ONa \\ -ONa \\ -OH \end{cases} + NaBr.$$

---

des alcalis dans les développateurs alcalins. Bulletin de la Société française de Photographie, 1er janvier 1895, p. 32.

MM. Lumière ont essayé l'emploi du phos
phate tribasique avec les révélateurs suivants :
*pyrogallol, hydroquinone, iconogène, parami-
dophénol, métol, glycine.* Ils ont utilisé le phosphate trisodique cristallisé :

$$PO^4Na^3 + 12H^2O$$

dont 133 *grammes équivalent à* 100 *grammes
de carbonate de soude cristallisé :*

$$CO^3Na^2 + 10H^2O.$$

Ils ont conclu de ces recherches que :

Dans tous les développateurs alcalins, à
l'exception du développateur au paramidophénol,
*on a avantage à remplacer les alcalis caustiques
ou carbonatés par le phosphate tribasique de
soude.*

Déjà, avec une dose de phosphate trisodique inférieure à celle que l'on aurait employée de carbonate de soude, on obtient des clichés plus intenses et on peut, sans inconvénient aucun pour
la gélatine, forcer la dose de phosphate tribasique.

L'emploi de ce sel n'est pas possible avec le
paramidophénol parce que la solubilité de ce
dernier est trop faible dans les solutions de
phosphate trisodique.

Il est utile de pouvoir distinguer aisément le
phosphate trisodique du phosphate disodique,
d'autant plus que ce dernier qui n'est autre que

le *phosphate de soude* du commerce ne peut remplacer le phosphate trisodique.

L'action sur le papier ou la teinture de tournesol ne permet pas de distinguer ces deux sels qui, tous deux, bleuissent le tournesol rougi. Mais on peut les distinguer au moyen d'un autre réactif : la phtaléine du phénol en dissolution alcoolique incolore. Le sel disodique est sans action aucune sur cette substance, le sel trisodique la colore, au contraire, en rouge violacé intense. Il est d'ailleurs aisé de faire passer le phosphate disodique à l'état de phosphate trisodique :

A 179 grammes de sel commercial cristallisé (PO^4Na^2H, $12aq$), on ajoutera, pour cela, 20 grammes de soude caustique ($NaOH$) aussi sèche que possible.

La soude étant toujours plus hydratée que ne l'indique sa formule, on pourra forcer la dose sans inconvénient : un léger excès de soude ne peut d'ailleurs gêner en rien pour les usages photographiques. La dissolution de ces deux sels contient 190 grammes du phosphate trisodique cristallisé (PO^4Na^3, $12aq$).

**40. Aldéhydes et Acétones. — MM. A. et L. Lumière et Seyewetz ont montré ([1]) que les aldéhydes et les acétones *en présence du sulfite de sodium* jouaient le même rôle que les alcalis

---

([1]) *Bulletin de la Société française de Photographie*, novembre 1896, novembre et décembre 1897.

vis-à-vis des développateurs organiques renfermant des groupements phénoliques.

Les aldéhydes et acétones grasses seules, peuvent être utilisées avantageusement.

MM. Lumière et Seyewetz ont analysé le phénomène et prouvé, dans la mesure du possible, d'une part, qu'en mettant en présence l'*eau*, l'*acétone* et *le sulfite de soude* seuls, aucune réaction n'avait lieu, pas plus qu'en ajoutant le réducteur organique, soit à du sulfite, soit à de l'acétone, mais, d'autre part, que la réaction se manifestait dès qu'on mettait les trois corps en présence. Ils ont expliqué le phénomène par la tendance qu'ont les aldéhydes et les acétones à donner une combinaison bisulfitique en présence du composé phénolique qui absorberait l'alcali libéré par la formation de cette combinaison.

Cette réaction qui n'aurait lieu, disent-ils dans leur intéressante communication, qu'en partie et serait limitée par la réaction inverse, mais se continuerait au fur et à mesure de l'oxydation du phénol dans le développement, peut s'exprimer par la réaction suivante, dans le cas de l'hydroquinone et de l'acétone :

$$2\left(\genfrac{}{}{0pt}{}{CH^3}{CH^3}\right)CO + 2Na^2SO^3 + C^6H^4\genfrac{}{}{0pt}{}{OH}{OH}$$

Acétone   Sulfite de soude   Hydroquinone

$$= 2NaHSO^3 + 2\genfrac{}{}{0pt}{}{CH^3}{CH^3}CO + C^6H^4\genfrac{}{}{0pt}{}{ONa}{ONa}$$

Combinaison bisulfiti ue

Une étude détaillée des diverses aldéhydes et acétones à ce point de vue, a montré à MM. Lumière que la *formaldéhyde* et l'*aldéhyde* ordinaire donnaient d'excellents résultats avec l'hydroquinone, que l'*acétone* employée avec le pyrogallol présentait de nombreux avantages ; nous y reviendrons à propos de la pratique du développement.

Par contre, les autres corps analogues ne semblent guère pratiques.

41. Emploi des amines grasses. — Les amines de la série grasse provenant du remplacement de l'hydrogène de l'ammoniaque par les radicaux de carbures gras tels que CH^3, C^2H^5, C^3H^7.... jouissent, comme l'ammoniaque, de très fortes propriétés basiques. Aussi pouvait-on prévoir qu'elles devaient se comporter à l'égard des développateurs alcalins comme de véritables alcalis caustiques. MM. A. et L. Lumière et Seyewetz ont confirmé ces prévisions en étudiant ces substances comparativement avec l'ammoniaque ([1]).

On sait que l'emploi de l'ammoniaque est souvent préconisé avec le pyrogallol ; mais on ne doit l'utiliser qu'à très faible dose, sous peine d'obtenir un voile dichroïque. MM. Lumière et

<hr>

([1]) *Bulletin de la Société française de Photographie,* 1er décembre, 1898, p. 558.

Seyewetz ont constaté que l'ammoniaque ne pouvait remplacer les alcalis dans aucun autre révélateur que le pyrogallol.

En effet, par suite de la propriété qu'il a de dissoudre le bromure d'argent, non seulement il donne toujours naissance à un fort voile dichroïque, mais encore l'image ne monte pas et reste peu intense quelle que soit la durée du développement.

Les amines grasses se comportent vis-à-vis des révélateurs alcalins d'une façon tout à fait différente de l'ammoniaque : *elles se comportent comme de véritables alcalis.*

« Leur action est d'autant plus énergique qu'elles sont substituées par des radicaux plus simples et que le nombre des substitutions est moins considérable.

« Leur action est non seulement très intéressante dans les révélateurs au pyrogallol et à l'hydroquinone, mais aussi dans le révélateur au paramidophénol pour lequel les divers succédanés des alcalis proposés jusqu'ici n'avaient pu recevoir d'application, le paramidophénol étant à peu près insoluble dans leurs solutions.

« Dans les amines grasses, au contraire, le paramidophénol se dissout très bien et peut fournir des révélateurs d'une énergie plus grande qu'avec la lithine caustique.

« Malheureusement, l'odeur fort désagréable

que possèdent ces substances limitera beaucoup leur emploi ([1]). »

Contrairement aux amines grasses, les amines aromatiques (même celles qui sont des bases énergiques) ne peuvent remplacer les alcalis dans le développement.

III. CONSERVATEURS

42. Sulfites. — Nous avons vu (§ **16**) quel était le rôle du *conservateur* et que les sulfites alcalins étaient les corps les plus usités comme conservateurs. Le sulfite de sodium est presque exclusivement employé ; cependant, le sulfite d'ammonium serait préférable, d'après certains auteurs, pour le développement au pyrogallol.

Le sulfite neutre de sodium $SO^3Na^2 + 7H^2O$ est préparé industriellement par l'action du gaz sulfureux sur une solution de carbonate de sodium ; il se présente sous forme de petits cristaux incolores et efflorescents. Il renferme souvent du bisulfite et du carbonate. Aussi est-il bon d'essayer le sulfite avant de l'utiliser ; on peut faire cet essai selon les indications de M. G. Rollin ([2]).

([1]) LUMIÈRE FRÈRES et SEYEWETZ. — *Bulletin de la Société française de Photographie*, 1898, p. 562.

([2]) *La Photographie*, 1er mars 1897.

1° *Le sulfite neutre*, en solution concentrée, colore en violet la phtaléine du phénol : une goutte d'acide suffit à faire disparaître la coloration ;

2° Pour reconnaître la présence du *carbonate*, on fait bouillir avec un excès de fleur de soufre mouillée 5 grammes du sulfite dissous dans 25 centimètres cubes d'eau. Le sulfite se transforme en hyposulfite et le carbonate, s'il y en a, en polysulfure. On ajoute à la liqueur refroidie un excès d'ammoniaque, puis un peu d'une solution d'azotate d'argent. Si le sulfite est exempt de carbonate, la liqueur reste incolore ; s'il renferme moins de 1 $^0/_0$ de carbonate, elle se colore faiblement. Si la proportion dépasse 5 $^0/_0$, la coloration est intense et du sulfure d'argent est précipité. On peut ainsi doser approximativement la quantité de carbonate.

MM. Auguste Lumière et A. Seyewetz ont dosé l'alcali renfermé dans plusieurs échantillons de sulfites cristallisés commerciaux de provenances diverses [1] et ont trouvé des teneurs en alcali très variables. Le sulfite de soude cristallisé s'oxyde peu à peu à l'air pour se transformer en sulfate.

---

[1] A. et L. LUMIÈRE et SEYEWETZ. — *Sur l'emploi du sulfite de soude anhydre en Photographie et le dosage de l'alcali dans les sulfites commerciaux.* Bulletin de la Société française de Photographie, 1er avril 1893, p. 161.

Aussi, sur les indications de MM. A. Lumière
et Seyewetz, lui préfère-t-on généralement le
sulfite anhydre, qui ne présente pas ces inconvénients. Le sulfite de soude anhydre, préparé
par la Société anonyme des plaques et produits
photographiques A. Lumière et ses fils, se présente sous forme d'une poudre blanche amorphe,
a une teneur en alcali absolument constante,
répondant exactement à la formule SO^3Na^2.

En outre, le sulfite anhydre est inaltérable à
l'air, même à 100°. Il est relativement aussi soluble dans l'eau que le sulfite cristallisé, bien
qu'un peu plus long à s'y dissoudre.

Outre cette inaltérabilité et la constance de sa
composition, le sulfite anhydre présente l'avantage d'être sous un même volume deux fois plus
actif que le sulfite cristallisé, ce dernier renfermant 5o pour 1oo de son poids d'eau (¹).

On emploie rarement les sulfites d'ammonium
ou de potassium ; le premier serait préférable
avec le pyrogallol. On a aussi préconisé parfois
l'emploi des bisulfites.

43. Autres conservateurs. — Les acides
tartrique, formique, citrique, lactique sont par-

(¹) Voyez en ce qui concerne les sulfites employés
en photographie : L. P. CLERC, *La Chimie du photographe*, II. *Les produits photographiques, choix, essai,
conservation*. Paris, II. Desforges, éditeur, 1899.

fois employés comme conservateurs avec le pyrogallol.

L'alcool méthylique a été indiqué avec le pyrogallol et l'hydroquinone ; la glycérine serait un bon préservateur pour l'hydroquinone, le pyrogallol et l'iconogène.

____

CHAPITRE VII

—

ÉTUDE PRATIQUE D'UN RÉVÉLATEUR

44. Étude pratique d'un révélateur. —
Pendant longtemps, les formules des bains de
développement étaient établies d'une manière
tout à fait empirique.

M. H. Reeb ([1]), pharmacien de 1re classe, a
indiqué une méthode qui, si elle n'est peut-être
pas d'une rigueur absolue au point de vue théorique, conduit, en pratique, à des résultats satisfaisants.

Nous avons vu qu'en général, un révélateur
comprenait un corps réducteur, un alcali, un
conservateur qui est presque toujours le sulfite
de sodium. C'est par la combinaison harmonieuse
de ces trois substances qu'on peut composer un
excellent bain.

Trois déterminations doivent être faites :

([1]) H. REEB. — *Étude sur l'hydroquinone*. Paris,
Gauthier-Villars, éditeur, 1890.

1° *Détermination du pouvoir réducteur de l'agent révélateur*. Dans la solution :

> Azotate d'argent . . . . . 1 gramme
> Eau distillée. . . . . . . 3o grammes

on ajoute un léger excès de potasse caustique. Le précipité d'hydrate d'argent qui se forme est lavé à plusieurs eaux et dissous dans une solution de sulfite de soude renfermant 5 grammes de ce corps dont on amène le volume à 5o centimètres cubes.

On verse dans cette liqueur, au moyen d'une burette graduée, une solution de l'agent révélateur en quantité juste suffisante pour réduire tout l'oxyde d'argent dissous ([1]).

M. Reeb a trouvé ainsi :

> *Nitrate d'argent* : 1 gramme
> Hydroquinone. o,o8
> Iconogène . . . . . . , . . . o,33

MM. Auguste et Louis Lumière ([2]) ont trouvé les chiffres suivants :

> Hydroquinone. o,o7
> Paramidophénol o,14
> Iconogène o,3o

([1]) Pour apprécier la fin de la réaction, on filtre la liqueur après chaque addition de révélateur ; lorsqu'une nouvelle addition de la solution révélatrice ne la trouble plus, tout l'argent est déposé.

([2]) A. ET L. LUMIÈRE. — *Des propriétés du paramidophénol comparées à celles de l'hydroquinone*. Bulletin de la Société française de photographie, juillet 1891, p. 232.

2° *Poids d'alcalis et de leurs carbonates correspondant à un poids donné du révélateur.* —
D'après M. H. Reeb, un simple calcul d'équivalence détermine les proportions de l'alcali ou du
carbonate alcalin à ajouter :

Équivaut à
$\begin{cases}
\text{Azotate d'argent} & \text{. . . .} & \text{1 gr.} \\
\text{Potasse caustique.} & \text{. . . .} & 0,33 \\
\text{Soude caustique .} & \text{. . . .} & 0,2353 \\
\text{Carbonate de potasse} & \text{. .} & 0,4064 \\
\text{Carbonate de soude .} & \text{. . .} & 0,8411
\end{cases}$

3° *Détermination du poids de sulfite de soude
nécessaire et suffisant pour le parfait fonctionnement du révélateur.* — On le détermine par
tâtonnement pour chaque alcali. On fait, par
exemple, la solution

Hydroquinone 0,08
Potasse caustique 0,33

et on l'additionne de quantités croissantes de sulfite jusqu'à ce que la solution agitée à l'air, puis
traversée par un courant d'oxygène, ne se colore
plus. M. Reeb a trouvé ainsi que, pour 0^{gr},08 d'hydroquinone, il faut 0^{gr},60 de sulfite en présence
d'un alcali libre et 0^{gr},40 en présence d'un carbonate.

45. — M. Demôle, docteur ès-sciences, directeur de la *Revue suisse de photographie* (¹), a
fait une critique sévère et qui nous semble juste

(¹) *Revue suisse de Photographie*, 1891, p. 130.

de la base théorique de cette méthode, critique
que nous reproduisons partiellement .

« M. Reeb prend un poids de potasse ($0^{gr},33$)
exactement suffisant pour accaparer tout le
brome du bromure d'argent dérivé de 1 gramme
de nitrate d'argent, soit un poids de $1^{gr},105$ de
bromure d'argent. Ayant reconnu que $0^{gr},08$ opè-
rent la réduction de tout l'oxyde d'argent dérivé
de 1 gramme de nitrate, il en conclut, sans doute,
que cette quantité sera suffisante aussi pour
opérer la réduction de la quantité équivalente de
bromure d'argent, soit $1^{gr},105$. Or, voici où nous
conduit ce raisonnement : 10 grammes de nitrate
convertis en bromure d'argent sont suffisants
pour couvrir 3 douzaines de plaques 13×18.
Si, dans un litre de révélateur, nous avons 16^{gr}
d'hydroquinone, nous pouvons, suivant les
chiffres de M. Reeb, réduire un poids de 200^{gr}
de nitrate, soit 221 grammes de bromure d'argent et, par conséquent, opérer le développement d'au moins 720 clichés 13×18 au
minimum et, en supposant que tout le bromure
s'est réduit, ce qui, dans le développement d'un
cliché, n'arrive jamais.

« En recherchant l'équivalence de l'hydroquinone vis-à-vis de l'oxyde d'argent dissous dans
le sulfite de soude, M. Reeb s'est placé en dehors
des conditions dans lesquelles se trouve le sel
d'argent lors du développement. Il a oublié qu'à

mesure que le brome du bromure d'argent est converti en bromure de potassium par l'action du révélateur, ce corps formé entrave le pouvoir réducteur de l'hydroquinone et qu'il arrive un moment où une portion encore importante du réducteur devient tout à fait impuissante à opérer la réduction, parce qu'elle se trouve en quelque sorte paralysée par la quantité de bromure produite. Si M. Reeb avait recherché l'équivalence de l'hydroquinone vis-à-vis du bromure d'argent, il serait arrivé à se convaincre que la quantité théorique de potasse à ajouter est bien inférieure à celle qu'il indique. Si l'on en veut une preuve bien aisée à donner, prenons un vieux bain d'hydroquinone, dosons la quantité d'alcali qu'il renferme et nous nous convaincrons que la plus grande partie de cet alcali est encore inaltérée ou s'est partiellement transformée en carbonate. Dès lors, si cette quantité est inaltérée, on peut se demander s'il était utile de la mettre et c'est là ce que nous nous proposons d'étudier ».

M. H. Reeb ([1]), tout en reconnaissant l'exactitude de l'influence du bromure de potassium et en reconnaissant qu'il arrive en effet un moment où il se produit un état d'équilibre dans lequel la force réductrice du révélateur est contrebalancée par la quantité de bromure produite,

---

([1]) *Revue suisse de photographie*, 1891, p. 210.

nie que cet argument enlève quoi que ce soit à
l'exactitude de sa méthode. « Car s'il est vrai,
dit-il, qu'à un moment donné, on retrouve dans
un vieux bain une partie notable de l'alcali non
employé, on y retrouve aussi une quantité équivalente d'hydroquinone non utilisée. L'hydroquinone et l'alcali ont concouru tous les deux à
la formation de l'image dans les proportions que
j'ai indiquées comme équivalentes. Pour $0^{gr},08$
d'hydroquinone, il y a eu $0^{gr},33$ de potasse employée et tous deux, quand viendra le moment
de l'équilibre dont j'ai parlé plus haut, resteront
inutilisables dans les mêmes proportions. Or, si
vous concluez que la quantité d'alcali qui reste
en excès est inutile et qu'on peut la supprimer,
il faut appliquer le même raisonnement à l'hydroquinone en excès et la supprimer aussi, et
vous retomberez ainsi fatalement sur la formule
primitive qui est celle que j'ai indiquée.

« En résumé, ajoute M. Reeb, il n'y a qu'une
manière rigoureusement exacte d'envisager la
question ; à savoir que l'hydroquinone et la potasse, qu'ils soient en présence d'oxyde, nitrate,
bromure... d'argent s'usent dans des proportions
chimiquement équivalentes et que, par conséquent, ils doivent être associés dans des proportions également équivalentes pour produire le
maximum d'effet. Avec l'oxyde d'argent, par
exemple, la réduction se continue jusqu'à com-

plète extinction de l'hydroquinone et de la potasse, tandis qu'avec le bromure d'argent, la réduction n'est que partielle, ainsi que le fait remarquer M. Demôle, mais il n'en résulte pas qu'il faille, ainsi que M. Demôle le propose, supprimer une partie des éléments de l'*énergie* ; car rien ne suppose qu'on obtiendrait ainsi les mêmes résultats *en quantité* et surtout *en durée*.

« D'ailleurs, il y a un moyen bien simple de se convaincre de l'utilité de mettre en présence l'un de l'autre des éléments indiqués par la théorie ; faites un révélateur à l'hydroquinone qui ne renferme que le $\frac{1}{5}$ ou le $\frac{1}{6}$ de la quantité de potasse que j'indique et faites-y disparaître une certaine quantité de bromure d'argent, en proportion suffisante pour atteindre la limite d'action du développateur. Vous aurez rendu ainsi votre bain impuissant à développer un cliché, à cause du bromure de potassium dont il s'est chargé. Mais alors, si vous lui ajoutez les $\frac{4}{5}$ ou les $\frac{5}{6}$ de potasse, que vous avez volontairement supprimés, vous lui donnerez une nouvelle vigueur et reculerez sa limite d'action dans une forte proportion. »

A ces arguments, M. Demôle répondit avec raison par les suivants [1] :

« Si nous plaçons, avec l'hydroquinone, la

---

[1] *Revue suisse de Photographie*, 1891, p. 213.

quantité théorique de potasse pour occuper tout le
brome du bromure d'argent, ainsi que le veut
M. Reeb, nous serons conduit, d'après ce principe, lorsque nous ferons usage, non plus de
potasse, mais de carbonate de soude, à mettre
également la quantité exactement suffisante de
ce sel pour que théoriquement tout le brome soit
occupé. Ce sont les principes même de M. Reeb
qu'il a très clairement établis dans son travail.
Ainsi donc, si une molécule de bromure d'argent
demande 56,1 de potasse, elle demandera 53 de
carbonate de soude. Autrement dit, le même effet
sera produit soit par 56,1 de potasse, soit par
69,10 de carbonate de potasse, soit par 40 de
soude, soit 53 de carbonate de soude. Est-il donc
admissible que, dans un révélateur, 53 grammes
de carbonate de soude agissent comme 56^{gr},1 de
potasse caustique ? Il le faut bien si l'on s'en tient
à la seule notion de l'équivalence et si l'on fait
abstraction de l'énergie chimique.

« Voici l'expérience que nous avons instituée
pour prouver que la notation de l'équivalence
n'a rien à voir dans cette affaire : dans un flacon
d'un demi-litre bien bouché, on a mis 50 centi-
grammes d'eau distillée et bouillie, 2^{gr},06 de potasse caustique pure et 0^{gr},500 d'hydroquinone.
Dans un second flacon, de même capacité, on a
introduit la même quantité d'eau et d'hydroquinone et 1^{gr},94 de carbonate de soude pur et sec.

Dans les deux flacons, on a alors introduit simultanément 3 grammes de bromure d'argent sec préalablement exposé à la lumière, puis les flacons ont été fermés. Ces corps sont demeurés en contact pendant seize heures à la même température moyenne de 12°. On a alors dosé la quantité de brome contenue dans les deux liquides, et l'on a trouvé que, dans le flacon à potasse, il y avait 0^{gr},0218 de brome par centimètre cube, tandis qu'il n'y en avait que 0^{gr},0096 dans le flacon à carbonate de soude, alors que si l'équivalence était réellement en jeu, on aurait dû, nous le répétons, trouver la même quantité de brome dans les deux flacons.

« Qui ne sait, au reste, qu'une quantité de 3o à 4o grammes de potasse caustique par litre donne avec l'hydroquinone un bain bien plus actif et agissant plus profondément que lorsque l'alcali est remplacé par trois fois son poids de carbonate de soude ?

« D'après cette expérience, il devient donc évident que la quantité d'alcali ou de carbonate alcalin à ajouter au révélateur ne doit pas être calculée d'après leurs équivalents, mais d'après leurs énergies chimiques et qu'on peut mettre infiniment moins d'alcali que de carbonate. Quelle sera cette proportion ? Bien loin de partir d'une théorie, comme le fait M. Reeb, nous pensons que c'est la seule pratique qui peut nous l'apprendre. Nous ne serions pas surpris qu'une faible proportion de potasse permette à la réduction du bromure d'argent de se produire mieux et plus complètement qu'avec trois à quatre fois le même poids de carbonate de soude. Mais c'est la balance en main qu'il faudrait le prouver. »

CHAPITRE VIII

—

PRATIQUE DU DÉVELOPPEMENT

. Nous ne passerons en revue ici que les révélateurs les plus usités.

OXALATE FERREUX

46. Théorie ([1]). — L'oxalate ferreux, dissous dans une solution d'oxalate neutre de potassium s'oxydant aux dépens de l'oxygène de l'eau, se transforme en un mélange d'oxalate et d'oxyde ferrique :

$$6\,C^2O^4Fe + 3\,H^2O = 2\,(C^2O^4)^3Fe^2 + Fe^2O^3 + 6H$$

tandis que l'hydrogène décompose le bromure d'argent insolé :

$$AgBr\ ins + H = Ag + HBr$$

en donnant naissance à de l'acide bromhydrique qui réagit sur l'oxyde ferrique pour former du bromure ferrique :

$$6\,HBr + Fe^2O^3 = Fe^2Br^6 + 3\,H^2rO.$$

([1]) A. DE LA BAUME-PLUVINEL. — *Le Développement de l'image latente*, Paris, Gauthier-Villars, 1889.

Cette formation de bromure ferrique rend inutile l'usage des alcalis. On peut représenter ainsi la réaction totale :

$$6C^2O^4Fe + 6AgBr = 2(C^3O^4)^3Fe^2 + 6Ag + Fe^2Br^6.$$

L'oxalate ferreux se prépare au moment de l'emploi, par double décomposition, en versant une solution de sulfate ferreux dans une solution d'oxalate. Si on veut isoler ce corps, on versera, au contraire, une solution d'oxalate neutre de potassium, dans une solution de sulfate ferreux. La liqueur devient rouge, se trouble et laisse déposer des cristaux jaunes d'oxalate ferreux :

$$SO^4Fe + C^2O^4H^2 = C^2O^4Fe + SO^4H^2.$$

Sulfate	Oxalate neutre	Oxalate	Sulfate
ferreux	de potassium	ferreux	de potasse

En réalité, la véritable formule de l'oxalate ferreux est :

$$C^2O^4Fe + 2H^2O.$$

Il est excessivement peu soluble dans l'eau ; il faut 3 800 grammes d'eau bouillante pour en dissoudre 1 gramme.

L'oxalate neutre de potassium doit être dissous dans une eau exempte de sels de chaux ; sinon il se forme un précipité d'oxalate de chaux qui trouble la liqueur :

$$C^2O^4H^2 + SO^4Ca = C^2O^4Ca + SO^4H^2.$$

Si la solution se trouble ainsi, il suffit de la laisser reposer ; l'oxalate de chaux se dépose et il suffit de décanter pour avoir une liqueur claire.

La solution pure de sulfate ferreux ne se conserve pas, surtout à l'obscurité. Il ne tarde pas à se former un sulfate ferrique basique de formule :

$$SO^3(Fe^2O^3)^2$$

qui, introduit dans le révélateur, joue le rôle de modérateur.

On a souvent indiqué l'addition d'une ou deux gouttes d'acide sulfurique pour conserver claire la solution de sulfate ferreux ; cette addition a pour effet de faire passer le sulfate basique à l'état de sulfate ferrique incolore :

$$(Fe^2O^3)^2SO^3 + 8SO^4H^2 = 2\left[(SO^4)^3C^2\right] + 8H^2O$$

et si la liqueur n'a plus la coloration jaune rouille, elle renferme néanmoins un sel nuisible au développement. Nous verrons comment l'addition de fer à la liqueur acidulée permet de la conserver.

M. Andra préconise l'addition d'acide tartrique à raison de $0^{gr},5$ pour 100 et l'exposition de la solution à la lumière. L'acide tartrique s'oxyde aux dépens du sulfate ferrique qui passe à l'état ferrreux :

$$C^4H^6O^6 + 3O = 2CH^2O^2 + 2CO^2 + H^2O$$

Acide	Acide	Gaz
tartrique	formique	carbonique

Remarquons enfin que l'on ne doit pas employer de l'oxalate acide de potassium, à la place de l'oxalate neutre. Ils se formerait bien encore de l'oxalate ferreux :

$$C^2O^4HK + SO^4Fe = C^2O^4Fe + SO^4HK.$$

Oxalate acide de potassium	Sulfate ferreux	Oxalate ferreux	Sulfate acide de potassium

Mais l'oxalate acide de potassium étant très peu soluble dans l'eau (100 grammes d'eau en dissolvent $2^{gr},5$), le bain serait trop peu concentré.

47. Pratique (¹). — Le révélateur à l'oxalate ferreux, très injustement abandonné aujourd'hui de l'immense majorité des amateurs que séduisent davantage les révélateurs commerciaux tout préparés, fournit à moins de sous-exposition exagérée des phototypes d'une rare douceur, qualité particulièrement précieuse dans le portrait; aussi son emploi est-il religieusement conservé dans la plupart des ateliers. Les noirs superbes des clichés ainsi développés conviennent admirablement aussi aux diapositives destinées ou non à la projection. Ce bain a enfin pour l'amateur un avantage d'un autre ordre, mais fort appréciable, surtout pour le débutant ; il oblige, en effet, l'opérateur à une méticuleuse

---

(¹) G. H. Niewenglowski. — *Le développement au fer*, la Photographie, Xe année, p. 50 (1er avril 1898).

propreté, à une observation rigoureuse des règles indiquées, et a ainsi en quelque sorte un rôle éducateur.

L'*oxalate ferreux*, qui joue dans ce bain le rôle actif, est formé en ajoutant une solution de *sulfate ferreux* à une dissolution d'*oxalate neutre de potassium*.

L'oxalate ferreux ainsi formé serait insoluble, s'il ne se trouvait en présence d'un excès notable d'oxalate neutre de potassium ; en particulier, on obtiendrait un précipité couleur ocre de ce produit, si l'on versait l'oxalate de potassium dans le sulfate ferreux ; en versant au contraire, comme nous l'avons indiqué, la solution du sel ferreux dans celle d'oxalate de potassium, l'oxalate ferreux obtenu constitue une dissolution rougeâtre, à moins cependant qu'en continuant les additions de sulfate ferreux on arrive à saturer le bain d'oxalate ferreux, l'excès précipitant alors.

Les dissolutions employées ont : pour l'oxalate, la solution saturée (33 %), et, pour le sulfate ferreux, soit une dissolution au même titre (33 %), que l'on peut préparer en étendant de son propre volume d'eau une solution saturée à froid de ce sel, soit, plus simplement, une solution saturée.

Indiquons tout d'abord les quelques particularités de cette préparation en notant qu'un

oxalate soluble mis au contact d'une eau de
source ou de rivière, toujours chargée de sels
calcaires, forme, par substitution mutuelle, de
l'oxalate insoluble de chaux qui se précipite.

Pour la préparation de la solution d'oxalate
neutre de potassium, on pourra employer telle
eau que l'on voudra, à condition de filtrer avec
soin après dissolution complète, soit sur un papier à filtrer ordinaire, soit, mieux encore, sur
un tampon de ouate tassé au fond d'un entonnoir.
Pour la solution de sulfate ferreux, il est indispensable, au contraire, d'employer soit de l'eau
distillée, soit de l'eau de pluie recueillie directement (après séjour dans une citerne, cette eau
se chargerait, comme l'eau de rivière, des mêmes
sels calcaires), puis filtrée. Si, pour ce faire,
on avait, en effet, pris de l'eau ordinaire, on
aurait formé, au moment même du mélange des
deux solutions, le précipité d'oxalate de chaux,
qui se déposerait alors sur la plaque photographique pendant son développement, risquant
ainsi de la rendre, par la suite, inutilisable. Il
est essentiel aussi d'avoir toujours une dissolution de sel ferreux à peu près pur ; or, au contact de l'air et surtout à l'obscurité, tout sel
ferreux absorbe l'oxygène et se transforme en
sel ferrique, dont la présence compromettrait
beaucoup la bonne marche du développement.
On évitera, en partie, cette oxydation en conser-

vant le bain en pleine lumière, au soleil si cela
est possible; on empêchera le plus possible
l'accès de l'air (conservation sous couche d'huile
dans un flacon à robinet inférieur); on a aussi,
pour éviter cette oxydation, conseillé l'addition
de divers acides. Mais ce n'est pas suffisant;
aussi croyons-nous rendre service en indiquant
exactement le mode de préparation qui, seul,
nous a, jusqu'à présent, donné de bons résultats;
c'est d'ailleurs le procédé employé dans tous les
laboratoires de chimie. Les cristaux de sulfate
ferreux sont le plus souvent oxydés par places,
ce dont on s'aperçoit aux taches de rouille que
présente leur surface; pour enlever les portions
oxydées, on lavera les cristaux à plusieurs eaux
jusqu'à ce qu'ils soient devenus d'un vert bien
transparent. La solution s'effectue en laissant
digérer de 3oo à 5oo grammes des cristaux lavés,
dans un litre d'eau *froide*, pendant le temps nécessaire; quand tous les cristaux ont disparu,
on filtre, de préférence sur un tampon de coton
de verre. On obtient ainsi une solution d'un vert
bien transparent et pâle, mais qui renferme
néanmoins des traces de sulfate ferrique; on
fera passer celui-ci à l'état de sulfate ferreux en
mettant dans le flacon quelques morceaux de
fer pur (le mieux est de prendre du *fil de clavecin*) et 1 à 2 centimètres cubes d'acide sulfurique pur; ce dernier attaque le fer en formant

du sulfate ferreux et en donnant un dégagement
d'hydrogène naissant, qui réduit le sulfate ferrique que contient la solution. Cette solution se
conservera indéfiniment à l'état ferreux, *même
en pleine obscurité,* si on a soin de la laisser
toujours en contact avec un excès de fer (il suffit
pour cela d'en rajouter chaque fois qu'il est
dissous) et d'un léger excès d'acide sulfurique;
à cet effet, on aura soin d'ajouter un peu d'acide
toutes les fois que la liqueur, contenant du fil
de clavecin et approchée de l'oreille, ne fera pas
entendre le léger bruit dû au dégagement d'hydrogène. On n'exagérera toutefois par la proportion d'acide, qui serait alors un retardateur
dans le développement et pourrait, en outre,
décoller la gélatine,

On pourrait, en opérant de même, régénérer
le bain révélateur après emploi, en observant
cependant que le fait même du développement
introduit dans le bain des bromures. Après un
certain temps d'emploi, le révélateur tendrait
donc à donner des clichés durs et heurtés. Il serait bon, dans le cas où l'on voudrait ainsi régénérer le vieux bain, d'ajouter chaque fois un
peu de la solution d'oxalate de potassium, car,
l'attaque des morceaux de fer augmentant cons-
tamment, la quantité de sel ferreux dissous, on
atteindrait rapidement à la saturation.

La quantité maxima de la solution de sel ferreux à 33 % que l'on puisse ajouter sans risques à la solution d'oxalate neutre de potassium est de 1 partie de la première dans 3 parties de la seconde ; mais on se gardera, en général, de faire d'un coup cette addition maxima qui empêcherait par la suite toute modification du révélateur et le priverait ainsi de l'élasticité dont il est susceptible.

On mesurera, par exemple, 60 centimètres cubes de la solution d'oxalate de potassium, que l'on versera dans un verre ; puis, dans une mesure graduée, on versera 20 centimètres cubes de la solution de sulfate ferreux qui est, avons-nous dit, la quantité maxima de solution ferreuse que l'on puisse utiliser. On sera sûr, en le mesurant et l'isolant ainsi par avance, de ne pas la dépasser. Dans la solution d'oxalate, on versera alors, en agitant, 4 à 5 centimètres cubes de cette solution de sulfate ferreux, et le bain d'oxalate ferreux ainsi formé sera projeté d'un seul coup sur la plaque sensible, après addition cependant d'une ou deux gouttes au plus de la solution de bromure, sauf le cas d'une plaque plutôt sous-exposée.

Dans ce révélateur, une plaque qui a reçu une exposition normale doit, au bout de trente secondes, présenter un commencement d'image. Au cas contraire, le révélateur serait reversé dans le verre servant aux mélanges, et on lui ajouterait un peu de la solution de fer gardée en réserve. Si, malgré cette addition, l'image ne vient que difficilement et si surtout les grands noirs du cliché se montrent seuls, les demi-teintes n'apparaissant pas et restant à peu près aussi pures que les blancs, on pourra ajouter en définitive toute la dissolution ferreuse de réserve, puis une très faible quantité, de 2 à 4 gouttes par cuvette, d'une solution très étendue d'hyposulfite (bain de fixage additionné de 40 fois environ son volume d'eau) qui, dans ces conditions, joue le rôle d'accélérateur (ceci n'est plus vrai avec un révélateur autre que l'oxalate ferreux).

Si, au contraire, l'image venait grise et uniforme sans contrastes suffisants entre les noirs, les demi-teintes et les blancs, on ajouterait au révélateur quelques gouttes de bromure de potassium et l'on pourrait avantageusement, pour mieux suivre la venue de l'image, retarder un peu le développement en diluant le révélateur (l'emploi de l'eau distillée serait ici de rigueur).

De toutes façons, le développement d'une plaque ne doit jamais, par ce procédé, dépasser beaucoup cinq minutes. Bien entendu, toutes additions faites au bain révélateur doivent l'être hors de la présence de la plaque, sinon on modifierait localement la composition du bain ; il en résulterait sur l'image des taches et des différences d'intensité auxquelles il serait impossible de remédier. Disons aussi qu'il est bon de rincer, entre chaque emploi, les vases servant à la mesure, au transport ou au mélange des solutions de fer et d'oxalate, si l'on veut éviter à coup sûr la précipitation de sels insolubles; il faudra pour ce rinçage employer évidemment soit l'eau distillée, soit encore de l'eau acidulée par quelques centimètres cubes d'acide chlorhydrique (¹).

C'est dans ce même liquide que l'on lavera la plaque au sortir du révélateur (l'emploi d'eau ordinaire précipitant les sels calcaires au sein même de la couche de gélatine); c'est encore dans cette eau acidulée que l'on détruira le précipité calcaire qui, par suite de négligence dans l'observation de l'une de ces prescriptions, se serait produit sur la plaque.

Ce rinçage à l'eau acidulée, dans laquelle la plaque se dégorgera du révélateur dont elle était imbibée, sera suivi d'un rinçage à l'eau ordinaire; on sait, en effet, qu'il faut éviter toute introduction d'un acide dans le bain de fixage, sous peine de compromettre gravement la conservation du cliché.

(¹) On se gardera de verser cette eau acidulée dans une cuvette ou un seau de zinc ou de fer-blanc qui seraient percés.

Notons aussi qu'il peut être dangereux de fixer simultanément ou dans un même bain des plaques dont les unes ont été développées au fer, d'autres avec divers révélateurs organiques, en particulier avec le pyrogallol. Il se peut en effet, dans ces conditions, si les lavages intermédiaires n'ont pas été bien conduits, que les faibles quantités des révélateurs ainsi amenées dans le bain de fixage réagissent mutuellement pour former, en somme, de l'encre noire. Les précautions indiquées ici en ce qui concerne les rinçages sont évidemment applicables au cas où le révélateur à l'oxalate est utilisé au noircissement du cliché dans le renforcement aux sels mercuriques.

48. Régénération des vieux bains. — Lorsqu'on a développé trois ou quatre plaques 13×18 dans 60^{cc} de révélateur à l'oxalate ferreux, le bain n'agit plus que très lentement.

« De plus, l'oxalate ferrique et le bromure ferrique qui s'accumulent dans le révélateur, exercent sur les couches sensibles une action modératrice généralement nuisible à la perfection du cliché [1]. Mais un bain, qui a acquis une

---

[1] Nous extrayons ce paragraphe de l'excellent ouvrage de M. A. DE LA BAUMÉ-PLUVINEL sur le *Développement de l'image latente*. Paris, Gauthier-Villars, 1889.

teinte rouge foncé, peut être revivifié, en partie, par la désoxydation des sels ferriques.

« Une simple exposition à la lumière ramène l'oxalate ferrique à l'état d'oxalate ferreux et le bromure ferrique à l'état de bromure ferreux :

$$(C^2O^4)^3 Fe^2 = 2(C^2O^4Fe) + 2CO^2$$

Oxalate	Oxalate	Gaz
ferrique	ferreux	carbonique

$$Fe^2 Br^6 = 2 Fe Br^2 + 2 Br$$

Ces réactions sont accélérées par l'acide tartrique. En effet, tandis que les sels sont, en général, réduits sous l'action de la lumière, les matières organiques sont, au contraire, oxydées. En mélangeant une matière organique à un sel, on accélère donc l'oxydation de l'un et la réduction de l'autre. Aussi, M. Audra recommande-t-il, pour régénérer les vieux bains de fer, de leur ajouter 1 $^0/_0$ de la solution suivante :

Eau. 100
Acide tartrique 4

« Le bain révélateur, ainsi additionné d'acide tartrique, est exposé au soleil et, au bout de quelques heures, la désoxydation des sels ferriques est effectuée. Le bain, de rouge foncé qu'il était, prend alors une teinte rouge rubis.

« En même temps, il se dépose des cristaux vert émeraude, qui se présentent sous forme de prismes aplatis. Ces cristaux, solubles dans l'acide oxalique, semblent être formés d'oxalate ferrico-potassique :

$$(C^2O^4)^3Fe^2, C^2O^4H^2 + 6H^2O.$$

« Ce sel séjourne au fond du vase, et sa formation n'a d'autre inconvénient que d'appauvrir la solution. Pour éviter une trop grande abondance de cristaux, il ne faut ajouter aux bains vieux que la quantité d'acide tartrique nécessaire pour leur donner une légère réaction acide.

« Le révélateur se régénère aussi au contact de lames de zinc :

$$Fe^2Br^6 + 2\left[(C^2O^4)^3Fe^2\right] + 3Zn = 3ZnBr^2 + 6C^2O^4Fe$$

L'action est lente et n'a lieu qu'à la surface du métal ; aussi faut-il, de temps en temps, débarrasser les lames du dépôt qui les recouvre ».

49. Accélérateurs. — Lorsqu'une plaque a été sous-exposée, le plus généralement les grands noirs apparaissent d'abord au développement, les demi-teintes ne se développant que plus tard. Il en résulte une image heurtée, dure. On a recommandé, dans ce cas, soit d'employer un révélateur très concentré, capable de révéler les demi-teintes avant que les noirs aient pris une trop grande intensité ; soit, au contraire, d'employer un révélateur très dilué, faisant venir lentement les noirs et laissant aux demi-teintes le temps de se développer.

Une troisième méthode qui n'est plus guère employée qu'avec le révélateur au fer, consiste à additionner le bain d'un *accélérateur*, c'est-à-dire d'un corps devant déterminer le développement simultané des diverses parties du cliché.

Selon M. de la Baume-Pluvinel, et nous nous rangeons à son avis, les accélérateurs ne font pas apparaître plus de détails, mais remédient plutôt à la dureté des clichés qu'à la sous-exposition même.

Le plus efficace des accélérateurs est l'hyposulfite de sodium, signalé comme tel par le capitaine Abney.

On prépare la solution :

        Eau   100
        Hyposulfite de soude . . . .   0^{gr},5

et on en met de 2 à 4 gouttes par 100^{cc} de révélateur. La dose, en tous cas, ne doit pas dépasser 0,001 d'hyposulfite pour 100.

M. Audra recommande, lorsqu'on est sûr d'avance qu'il y a sous-exposition, de tremper la plaque quelques minutes dans la solution d'hyposulfite, avant de la développer. Aussitôt plongée dans le révélateur, l'image se dessine rapidement et le cliché terminé n'est pas heurté, il manquerait plutôt de vigueur.

De nombreuses hypothèses ont été émises sur le mode d'action de l'hyposulfite. Nous citerons ce que dit à ce sujet M. de la Baume-Pluvinel ([1]) :

« Il est difficile de se rendre compte exactement de la manière d'agir de l'hyposulfite de sodium.

« Il se peut que l'action dissolvante qu'il exerce sur le bromure d'argent ait pour effet d'amener ce bromure en contact très intime avec le révélateur et de favoriser ainsi les réactions dont la couche sensible est le siège. Mais, peut-être, le pouvoir accélérateur de l'hyposulfite de sodium est-il dû à l'action qu'il exerce sur le bromure ferrique, d'une part, et sur l'oxalate ferrique, d'autre part.

« Ces deux sels, qui prennent naissance pendant le développement (§ **46**), ont des propriétés modératrices énergiques. Or, ils sont détruits par l'hyposulfite de sodium. Le bromure ferrique est converti en bromure ferreux, bromure de sodium et hyposulfite de peroxyde de sodium :

$$2S^2O^3Na^2 + Fe^2Br^6 = 2FeBr^2 + 2NaBr + S^4O^6Na^2$$

Le bromure ferreux réagit ensuite sur une partie de l'hyposulfite de sodium et donne du bromure de sodium et de l'hyposulfite de fer :

$$S^2O^3Na^2 + FeBr^2 = S^2O^3Fe + 2NaBr$$

---

[1] **A. DE LA BAUME-PLUVINEL.** — *Le développement de l'image latente*, p. 25.

« D'un autre côté, l'oxalate ferrique se transforme en oxalate ferreux, hyposulfite de fer et oxalate de peroxyde de sodium :

$$S^2O^3Na^2 + (C^2O^4)3Fe^2 = C^2O^4Fe + S^2O^3Fe + 2C^2O^4Na.$$

Cette réaction n'est pas admise par tous les chimistes. Il se peut, en effet, que l'oxydation de l'hyposulfite de sodium par l'oxalate ferrique, donne lieu à du tétrathéonate de sodium (Meldola) :

$$2S^2O^3Na^2 + (C^2O^4)^3Fe^2 = 2C^2O^4Fe + C^2O^4Na^2 + S^4O^6Na^2.$$

« Le bromure de sodium est encore un modérateur ; mais il agit beaucoup moins énergiquement que le bromure ferrique ; l'oxalate ferreux revivifie le bain et, quant à l'hyposulfite de fer, il agit comme un réducteur très énergique. On sait, en effet, que la solution d'hyposulfite de fer s'oxyde, même à l'air, en laissant déposer des cristaux de sulfite ferreux.

« D'après le Dr Vogel, c'est à la production de l'hyposulfite de fer que l'on doit attribuer presque uniquement le pouvoir accélérateur de l'hyposulfite de sodium ».

DIAMIDOPHÉNOL ET DIAMIDORÉSORCINE

50. Avantages. — Le chlorhydrate de diamidophénol ([1]) (parfois appelé amidol) et le chlorhydrate de diamidorésorcine sont d'excellents révélateurs présentant de nombreux avantages :

1° Ils sont très solubles dans l'eau ;

2° Ils révèlent l'image latente en solution aqueuse additionnée de sulfite de soude neutre, sans l'emploi d'alcalis ou de leurs succédanés ;

3° Les erreurs dans l'appréciation du temps de pose peuvent aisément être corrigées pendant le développement.

Le *chlorhydrate de diamidophénol*, très énergique, permet un développement rapide et donne des clichés très fouillés.

Sa grande énergie réductrice et le peu de coloration que prennent ses solutions pendant le développement, le rendent propre au développement des papiers au gélatino-bromure d'argent. Aussi doit-il être considéré *comme le révélateur donnant avec ces papiers les noirs les plus vigoureux et les blancs les plus purs.*

Le chlorhydrate de diamidorésorcine, bien que moins énergique que celui de diamidophénol, donne aussi des clichés très fouillés. Il présente sur le diamidophénol l'avantage d'être sensible aux bromures alcalins qui, grâce au retard qu'ils produisent dans le développe-

---

phénol. Bulletin de la Société française de photographie, 15 février, 1er juin et 1er septembre 1898.

ment, permettent de corriger aisément la surexposition.

Le chlorhydrate de diamidorésorcine ne donne
pas d'aussi bons résultats pour le développement
des papiers que le chlorhydrate de diamidophénol.

51. Pratique. — On prépare d'avance une
solution de sulfite anhydre à 3 %, solution qui
se fait aisément en faisant tomber lentement le
sulfite dans de l'eau distillée ou dans de l'eau
ordinaire froide, mais ayant préalablement
bouilli, et en agitant vivement le liquide.

Pour développer, on prend de la solution de
sulfite, la quantité nécessaire pour couvrir la
plaque et on l'additionne de chlorhydrate de
diamidophénol ou de diamidorésorcine sec, à
raison d'environ $0^{gr},5o$ par 100 centimètres cubes
de solution ; on mesure au moyen d'une petite
cuiller à moutarde.

Si *l'image tarde trop à venir* on augmente la
dose de sulfite : le plus simple est d'additionner
le bain de quelques gouttes d'une solution de
sulfite anhydre à 15 %.

Si toute l'image apparaît d'un seul coup, les
détails semblant gris, la pose est juste ou il y a
une légère surexposition ; en ce cas, il n'y a qu'à
laisser l'image monter : les noirs s'accentueront
et les oppositions deviendront naturellement ce
qu'elles doivent être.

Si *toute l'image apparait d'un seul coup* s'il y a *surexposition*, on emploiera comme retard une solution d'acide tartrique à 10 % avec le diamidophénol, de bromure de potassium à 10 % avec la diamidorésorcine. Il faudra de 2 à 5 centimètres par 100 centimètres de révélateur de la solution d'acide tartrique.

M. Balagny qui trouve à ce révélateur les avantages suivants :

1° Diminution considérable du temps de pose, notamment pour ce qu'on appelle les clichés posés ;

2° Le dépôt d'argent réduit ne donne pas de dureté dans les noirs ;

3° Comme conséquence de la courte durée d'exposition, les nuages apparaissent sur les clichés de paysages. Les détails dans les brouillards mêmes sont visibles et ne se confondent pas avec le ciel ;

Préconise l'emploi d'un bain plus dilué :

Solution de sulfite anhydre à 3 %. 100cc
Eau. . . . . 100 à 150
Diamidophénol 0gr,50

52. Oxalate de diamidophénol (¹). — MM. Lumière frères et A. Seyewetz, ont indi-

---

(¹) *Bulletin de la Société française de Photographie*, 15 juin 1893, p. 293.

qué l'emploi de l'oxalate de diamidophénol. Ils préconisent la formule suivante :

Eau. 1 000
Oxalate de diamidophénol. . . .   5 grammes
Sulfite de soude anhydre . . . . .   3o à 4o   //

PARAMIDOPHÉNOL [1]

53. MM. A. et L. Lumière ont fait une étude complète de ce révélateur dont ils ont ainsi décrit les avantages :

1° Grande énergie développatrice ;

2° Rapidité d'apparition de l'image, les détails conservant leur parfaite valeur relative ;

3° Absence de voile et de coloration de la gélatine ;

4° Possibilité de révéler un grand nombre de plaques dans le même bain ;

5° Douceur et transparence des clichés.

Ils recommandent le bain suivant :

Solution de sulfite de soude anhydre à 12 %. . 1 000
Paramidophénol (base libre)   20
Lithine caustique   5

La lithine caustique doit être soigneusement

[1] A et L. LUMIÈRE. — *Bulletin de la Société française de Photographie*, juin 1891, p. 195; juillet 1891, p. 232 et novembre 1891, p. 396.

VOGEL et ANDRESEN. — *Photographic News*, 1891, p. 562.

conservée en flacons bouchés ; à l'eau, elle se transforme en carbonate inutilisable.

Avec 100^{cc} de ce bain, on peut développer plus de cinquante clichés 9 × 12.

On a souvent préconisé de remplacer le paramidophénol par son chlorhydrate. Mais cette substitution ne présente aucun avantage : l'alcali libère la base libre, en formant du chlorure de potassium (si on a employé la potasse) qui étant un modérateur, diminue l'énergie du bain.

HYDROQUINONE

54. — M. H. Reeb a fait une étude détaillée de l'hydroquinone, étude dont il a tiré tous les éléments nécessaires pour l'établissement rationnel d'un révélateur à base de ce corps, éléments résumés dans le tableau proportionnel suivant ([1]) :

Azotate d'argent . . 1^{gr}

Hydroquinone. 0^{gr},08
- Potasse caustique . . 0,33 — Sulfite de soude. 0,60
- Soude caustique . . . 0,2353
- Carbonate de soude . 0,8415 — Sulfite de soude. 0,40
- Carbonate de potasse. 0,4064

Eau distillée, quantité suffisante.

Nous avons donc le choix, conclut M. Reeb,

<hr>

([1]) H. REEB. — *Étude sur l'hydroquinone ; son application en photographie comme révélateur*, Paris, Gauthier-Villars, 1890.

entre ces quatre formules et l'expérience seule pourra nous dire quelle est la plus avantageuse. Si on considère cependant que 8 grammes d'hydroquinone peuvent réduire 100 grammes d'azotate d'argent, il est permis de supposer que si on fait un révélateur à 8 grammes d'hydroquinone par litre, il sera suffisamment énergique.

55. — On a donné un grand nombre de formules de révélateurs à l'hydroquinone.

Le tableau suivant, extrait de l'*Aide-mémoire pratique de photographie* de M. Albert Londe ([1]), résume les plus employées :

	(1)	(2)	(3)	(4)	(5)
Hydroquinone	14	4,25	10	2	15
Sulfite de soude	74	25	300	30	75
Métabisulfite de potasse	//	//	//	4	//
Bromure de potassium	//	0,75	//	//	//
Prussiate jaune de potasse	//	//	//	//	10
Borax	//	//	//	//	12
Soude caustique	//	4,25	45	//	//
Potasse	//	//	//	5	//
Carbonate de soude	148	//	600	//	75
Carbonate de potasse	//	//	//	16	25
Eau	1000	1000	1000	1000	1000

(1) Ottenheim ; (2) Ilford ; (3) Balagny ; (4) Montefiore ; (5) Fourtier.

Mais il est préférable, à notre avis, de faire deux solutions : l'une contenant l'hydroquinone

---

([1]) ALBERT LONDE. — *Aide-mémoire pratique de photographie*, 2ᵉ édition, Paris, J. B. Baillère et fils, 1897.

et le conservateur, l'autre l'alcali et de ne les mélanger qu'au moment de l'emploi, en mettant une quantité d'alcali inférieure à celle indiquée dans le bain unique, de manière à faire varier les proportions des deux solutions, soit selon le temps de pose, soit suivant l'effet à obtenir.

Depuis quelque temps, on associe le plus souvent l'hydroquinone au métol.

56. — MM. A. et L. Lumière et Seyewetz [1] préconisent le remplacement de l'alcali par une aldéhyde et recommandent particulièrement les bains suivants :

```
1. Eau . . . . . . . . . . .      100
   Sulfite de soude anhydre  .  .   15
   Formaldéhyde commercial (²).    2ᶜᶜ
   Hydroquinone . . . . . .       1ᵍʳ,5
2. Eau . . . . . . . . . .       100
   Sulfite de soude anhydre  .  .   15
   Aldéhyde ordinaire à 50 %  .     3
   Hydroquinone . . . . . .       1,5
```

Ces bains ont une énergie réductrice très grande ; ils donnent des clichés présentant une opposition très marquée entre les blancs et les noirs.

---

(1) Lumière frères et Seyewetz. — *Sur la valeur pratique des principales aldéhydes ou acétones comme succédanés des alcalis dans les développateurs alcalins.* Bulletin de la Société française de Photographie, 1ᵉʳ décembre 1897.

(2) Le formol du commerce est une solution à 40 % e formaldéhyde.

Ils seront donc utilement employés pour la reproduction de gravures au trait.

MÉTOL

57. — On emploie rarement le métol seul; néanmoins c'est un rédacteur très énergique. La solution :

Eau.	5oo
Sulfite de soude	100
Métol	10

additionnée. de 20^{cc} d'une solution à 20 $\%$ de carbonate de potasse constitue un révélateur très puissant.

Le Dr J. M. Eder a constaté que la présence d'une faible quantité d'hyposulfite de soude dans un révélateur au métol, présentait de grands avantages [1].

Il préconise, en particulier, le bain suivant :

A	Eau.	1000
	Métol	15
	Sulfite de soude	15o
B	Eau.	1000
	Carbonate de soude	33o
	Hyposulfite de soude.	1

D'après lui, les meilleures proportions à employer sont :

---

[1] *Bulletin de la Société française de Photographie;* 1er octobre 1896.

1° Pour le travail à l'atelier :

A	40
B	20
Eau	20

2° pour le paysage :

A	20
B	10
Eau	30

58. Hydroquinone et métol. 1° *Bain unique.* — On prépare la solution :

Eau	1000
Métol	1
Sulfite de soude anhydre	40
Hydroquinone	6
Carbonate de soude	30

Il faut avoir soin de dissoudre le métol d'abord.

2° *Bains à constituants séparés.* — On prépare les trois solutions :

A *Réducteur*	Eau	300
	Métol	1
	Sulfite de soude anhydre	40
	Hydroquinone	6
B *Alcali*	Eau	500
	Carbonate de soude	300
C *Bromure*	Eau	100
	Bromure de potassium	10

Pour développer, une plaque 13 $\times$ 18 par exemple, on mélange dans un verre :

Eau	50cc
Solution A (réducteur)	50cc
Solution B (alcali)	1 à 2cc
Solution C (bromure), 1 à 2 gouttes.	

La plaque étant placée dans la cuvette, on verse sur elle le contenu du verre de manière à la recouvrir d'un seul coup, puis on attend que l'image apparaisse et on fait varier les proportions des diverses solutions selon la manière dont elle se présente, en ayant soin, à chaque addition, d'enlever la plaque de la cuvette et de bien agiter le bain avant de l'y remettre. Nous distinguerons quatre cas principaux :

1° *Si les régions les plus impressionnées* (les grands noirs du cliché) *apparaissent d'abord et les parties moins impressionnées apparaissent faiblement, leur intensité augmentant progressivement*, on laisse le bain tel quel et on attend que tous les détails de l'image soient venus ; si à ce moment l'image n'est pas assez intense, on ajoute au bain 10 à 15^{cc} de la solution A et on attend quelques instants ; s'il est nécessaire, on fait une seconde, une troisième addition de cette solution ;

2° *Si les régions fortement impressionnées apparaissent seules, l'image présentant de fortes oppositions*, on augmente la dose de la solution B dont on fait plusieurs additions successives, goutte par goutte, jusqu'à apparition de tous les détails ; à ce moment, on ajoute de la solution A s'il est nécessaire pour augmenter l'intensité du cliché ;

3° *Si l'image apparaît uniforme sans pré-*

senter de contrastes, on augmente la dose de la solution C (6 à 10 gouttes) et celle de la solution A en ayant soin de ne pas ajouter d'alcali ;

4° *Si l'image apparaît d'un seul coup très rapidement*, ce qui indique un fort excès de pose, il sera le plus souvent impossible d'avoir un bon cliché. Néanmoins, on essaiera de remédier à la surexposition, en jetant immédiatement le bain et en plongeant la plaque dans de l'eau additionnée de 15 à 20 gouttes de la solution C par 100^{cc}, puis dans un nouveau bain de développement très chargé en bromure et renfermant peu d'alcali (2 à 3 gouttes de la solution B).

PYROGALLOL

59. Théorie. — Les produits d'oxydation du pyrogallol qui se forment pendant le développement, ont été peu étudiés ; à l'air, ses solutions donnent naissance, en s'oxydant, à de l'acide oxalique, de l'acide acétique, du gaz carbonique :

$$C^6H^6O^3 + 7O = C^2O^4H^2 + C^2H^4O^2 = 2CO^2$$

Pyrogallol		Acide oxalique	Acide acétique	Gaz carbonique

et des produits bruns peu connus.

Cette oxydation est plus rapide en présence

d'alcalis ; en présence d'ammoniaque, il se produit notamment de la pyrogalléine :

$$C^{18}H^{20}Az^6O^{10}.$$

Le développement à l'acide pyrogallique-am-
moniaque, se traduirait par la réaction :

$$C^6H^6O^3 + 2AgBr + 2AzH^3 +$$
Pyrogallol

$$+ H^2O = (C^6H^6O^3 + O) + 2Ag + 2A_2H^4Br$$

Produits   Bromure
d'oxydation   d'ammonium

Le plus souvent, on ne fait le bain qu'au moment même de l'utiliser, le pyrogallol étant
ajouté à l'état sec dans la solution de sulfite, additionnée de carbonate. Sa grande facilité d'oxydation oblige à procéder ainsi.

60. Pratique. — Le plus généralement, on
prépare à l'avance les solutions :

A	Eau	1000
	Sulfite de soude cristallisé . . .	500
B	Eau	1000
	Carbonate de soude	600
C	Eau	100
	Bromure	10

cette dernière solution étant mise dans un flacon
compte-goutte. On mélange dans un verre pour
constituer le bain destiné à développer un
13 × 18, par exemple :

Eau.	75 à 100cc
Solution de sulfite (A) . .	10cc
Solution de bromure (C) .	1 à 2 gouttes.
Pyrogallol	1 cuiller à moutarde

1° *On suppose le temps de pose exact.*	1 à 2ᶜᶜ de solution de carbonate. — Attendre l'effet produit par l'addition de cette solution, avant d'en faire une nouvelle, si la première dose est insuffisante. Après la venue des détails, ajouter une cuiller de pyrogallol pour donner l'intensité.
2° *On suppose le temps de pose inexact.*	Sous-Exposition — Mettre une dose de carbonate plus forte (2 à 4ᶜᶜ), supprimer le bromure ; faire une nouvelle addition de carbonate si c'est nécessaire et continuer l'opération comme ci-dessus. Sur-Exposition. — Laisser tremper la plaque plus longtemps (1 à 2 minutes) dans le bain que l'on aura chargé en bromure (6 à 10 gouttes). — Ne mettre le carbonate que goutte à goutte. — 2 cuillers à moutarde de pyrogallol. — Ajouter du bromure si l'image vient encore trop vite.
3° *On ne connaît pas le temps de pose.*	Verser le carbonate goutte à goutte, bromure 1 ou 2 gouttes, modifier la composition du bain d'après la venue de l'image : A. — Les grandes lumières viennent d'abord et les parties moins éclairées apparaissent faiblement, mais montent progressivement : *Pose normale.* Laisser monter et après venue complète des détails ajouter du pyrogallol pour avoir de l'intensité. B. — Les grandes lumières viennent seules avec fortes oppositions : *Sous-exposition.* Modifier comme il est dit ci-dessus pour la sous-exposition. C. — L'image se présente uniformément, sans contrastes : *Sur-exposition.* Modifier comme il est dit ci-dessus pour la sur exposition. D. — L'image apparaît très rapidement : *Grande Sur-exposition.* Jeter vivement le bain, mettre tremper la plaque dans de l'eau à laquelle on ajoute du bromure (environ 15 gouttes) et constituer, s'il en est encore temps, un bain chargé en bromure et ne contenant que quelques traces seulement de carbonate. Si le voile n'est pas formé, ajouter du pyrogallol.

et on verse, ce mélange sur la plaque dans la cuvette. Quand la plaque est bien imbibée, on reverse le bain dans le verre, au fond duquel on a mis de la solution de carbonate, selon le tableau de la page précédente que nous extrayons du formulaire de M. H. Émery ([1]) :

61. — Nous avons vu (§ **40**) que MM. Lumière frères et Seyewetz avaient montré qu'on pouvait, dans les révélateurs alcalins, remplacer les alcalis par l'acétone. L'emploi de ce corps est particulièrement avantageux avec le pyrogallol.

MM. Lumière ([2]) préconisent pour le bain normal la composition :

Eau.	100
Sulfite de soude anhydre . . .	5
Acétone	10
Pyrogallol	1

Un tel révélateur, disent-ils, donne des clichés très brillants, présentant une riche gradation de valeurs dans les parties intenses et paraissant au moins aussi fouillés que ceux que permet d'obtenir le révélateur au *diamidophénol*. La différence la plus appréciable avec ce dernier,

---

([1]) H. ÉMERY. — *Formulaire pratique de photographie.* Paris. H. Desforges, éditeur.

([2]) A. et L. LUMIÈRE ET A. SEYEWETZ. — *Sur l'utilisation pratique de l'acétone comme succédané des alcalis dans les développateurs alcalins.* Bulletin de la Société Française de Photographie, 15 novembre 1897, p. 550.

réside dans la couleur de l'argent réduit, qui est d'un noir chaud, au lieu du ton noir bleu obtenu avec le diamidophénol.

Ce ton noir sépia est très constant, même avec d'assez grandes différences dans la quantité d'acétone employé. La gélatine ne se colore pas comme avec les autres bains au pyrogallol. Nous avons vu qu'en faisant varier les doses de carbonate de soude, on pouvait corriger, dans une certaine mesure, la sous-exposition et la surexposition.

L'acétone produit le même résultat, et MM. Lumière ont pu dire que :

L'acétone ajoutée graduellement permet de donner au révélateur pyrogallique toute l'élasticité que l'on peut obtenir avec les alcalis, et par suite, de corriger la surexposition.

Enfin le révélateur ayant la composition normale se conserve *en flacons bouchés* : après 15 jours, son pouvoir réducteur n'a pas sensiblement diminué. Il s'altère par contre en flacon ouvert, comme d'ailleurs tout bain au pyrogallol.

PYROCATÉCHINE [1]

62. — On se sert de ce corps à peu près

[1] POULENC. — *La pyrocatéchine de synthèse employée comme révélateur.* Bulletin de la Société

comme du pyrogallol ou de l'hydro-métal en bains séparés.

On fait les solutions :

$$
A \begin{cases} \text{Eau.} & \dots & 1000^{cc} \\ \text{Sulfite de sodium.} & \dots & 20^{gr} \\ \text{Pyrocatéchine.} & \dots & 15^{gr} \end{cases}
$$

$$
B \begin{cases} \text{Eau.} & \dots & 1000^{cc} \\ \text{Carbonate de sodium} & \dots & 200^{gr} \end{cases}
$$

Pour développer, prendre :

Eau	5^{cc}
Solution A	5^{cc}
Solution B . . . , ...	3 à 5^{cc}

Faire des additions successives de B suivant les besoins.

ICONOGÈNE

63. — D'après **M. H. Reeb**, $0^{gr},33$ d'iconogène réduisent 1 gramme d'azotate d'argent.

Les quantités d'alcali et de sulfite nécessaires sont, d'après lui :

$$
\left. \begin{array}{ll} \text{Potasse caustique} \dots & 0,33 \\ \text{Soude} \dots & 0,435 \\ \text{Carbonate de potassium.} & 0,406 \\ \text{Carbonate de sodium.} & 0,841 \end{array} \right\} \begin{array}{l} \text{Sulfite} \\ \text{de sodium .} \quad 3^{gr}30 \end{array}
$$

Comme on le voit, la dose de sulfite doit être égale à 10 fois la dose d'iconogène employé.

française de Photographie, 1er septembre 1894, p. 401 et 1er février 1895, p. 81.

Voici les principales formules de bain qui ont été proposées :

Eau	1000	1000	1000	1000	4,5
Iconogène	7	20	15	10	10
Sulfite de soude. . .	4	40	30	50	//
Soude caustique. . .	//	//	//	//	4,5
Carbonate de soude .	3	//	20	30	//
Carbonate de potasse .	//	20	//	10	//

On mélange souvent l'iconogène et l'hydroquinone :

Formule Rossignol :

Eau	1000cc
Sulfite de sodium	50gr
Carbonate de potassium. . . .	50gr
Hydroquinone	5gr
Iconogène	15gr

Formule Fourtier :

Eau	1000cc
Sulfite de sodium	40gr
Métabisulfite de sodium	10gr
Hydroquinone	3gr
Iconogène.	12gr
Carbonate de potasse.	30gr
Carbonate de sodium	30gr
Bromure de potassium	1gr

HYDRAMINE

64. — A la suite d'une étude très complète de ce corps, MM. A. et L. Lumière ont préconisé la relation suivante comme bain normal :

Formule A. et L. Lumière :

Eau. . . . .   1000^{cc}
Sulfite de soude anhydre . .   16^{gr}
Hydramine . . . .   5^{gr}
Lithine caustique. . . . .   3^{gr}

Le révélateur, ainsi constitué, donne des images très vigoureuses, présentant une parfaite gradation dans les demi-teintes, l'image apparaît aussi rapidement, monte régulièrement et peut atteindre enfin la même intensité qu'avec les révélateurs les plus énergiques connus.

En introduisant une aussi faible quantité de lithine dans le révélateur, la gélatine conserve toute sa solidité.

La solution révélatrice, préparée comme ci-dessus, est incolore et peut être conservée sans altération sensible dans un flacon bouché. Elle ne noircit pas sensiblement la peau.

DÉTERMINATION
DE LA DURÉE DU DÉVELOPPEMENT

65. — Nous résumerons, en quelques lignes, un intéressant mémoire publié, en 1894, par M. A. Watkins : *A method and instrument for timing development.*

Si l'on note avec soin le temps écoulé entre l'immersion de la plaque dans le révélateur et l'apparition des grandes lumières, on peut, en multipliant ce temps par un facteur convenable, obtenir la durée totale du développement et éviter ainsi les longs tâtonnements par lesquels ont passé tous les débutants. Le facteur varie avec la nature de l'agent révélateur employé, quelquefois même avec la concentration du bain (cas du pyrogallol et de l'amidol) ; la proportion d'alcali n'influe pas, en général, sur ce facteur, tant que cette proportion reste raisonnable.

L'addition de bromures au révélateur conduit à diminuer un peu ce facteur ; celui-ci dépend enfin nécessairement du désir qu'a l'opérateur d'obtenir un phototype plus ou moins dense, suivant le sujet traité et le mode de reproduction adopté.

L'application de cette règle suppose facilement appréciable la durée d'apparition des premiers détails de l'image. Bien entendu, il ne devra être apporté aucune modification au bain en cours de développement ; en particulier, un révélateur où l'ammoniaque est employé comme alcali ne se prête pas à l'application de cette règle, l'ammoniaque s'évaporant progressivement.

Le tableau ci-dessous est établi dans le cas de la soude ou de son carbonate ; on diminuera les facteurs dans le cas de la potasse et de ses sels.

La température du révélateur est sans effet appréciable.

```
Pyrogallol    2 %  . . . . . .   11
    //        5 %  . . . . . .   5,5
    //        8 %  . . . . . .   4,5
    //       15 %  . . . . . .   4
Hydroquinone    . . . . . . .    5
Iconogène  . . . . . . . .       9
Métol.  . . . . . . . . .       28
Glycine .  . . . . . . . .      14
Amidol 4 %  . . . . . . .       18
Rodinal (¹).  . . . . . . .     40
Pyro-métol  . . . . . . .        9
Métol-hydroquinone  . . . .     13
```

Ce tableau peut rendre les plus grands services aux photographes n'employant que des révélateurs tout préparés en un seul bain, en particulier aux débutants. Les résultats obtenus sont beaucoup plus réguliers que ceux auxquels on parvient, en particulier, par l'examen au dos du négatif, souvent conseillé.

DÉVELOPPEMENT APRÈS FIXAGE

66. — Nous avons déjà dit deux mots de ce procédé (§ **12**). Voici les formules préconisées. Le cliché fixé à fond dans l'hyposulfite, rendu absolument transparent, est abondamment lavé et mis dans un bain formé de 54 centimètres

---

(¹) Chlorhydrate de paramidophenol.

cubes d'eau distillée, 2 centimètres cubes de
radical et 6 centimètres cubes de la solution :

        Eau distillée   100
        Sulfocyanate d'ammonium . .   24
        Azotate d'argent.   4
      · Sulfite de soude   5
        Solution de bromure de potas-
          sium à 10 $^{0}/_{0}$ . . . .   6 gouttes.

Le développement dure environ douze heures;
on lave ensuite avec soin.

Le cliché terminé est blanc, et apparaît en
positif comme un cliché renforcé au bichlorure.
Pour noircir cette image, le Dr Neuhaus a
essayé différents moyens; l'éclairage par les
rayons solaires, ou le traitement par les révélateurs habituels ne donnent rien. Mais si l'on
plonge le cliché dans une solution au bichlorure à $\frac{1}{200}$, l'image noircit contrairement à ce
qui se passe à l'ordinaire.

En prolongeant l'action du bichlorure, l'image
reblanchit; on la noircit alors à l'hyposulfite et
l'on obtient, en définitive, un cliché magnifique
propre au tirage [1]. M. Sterry, de Londres,
préconise d'autres bains :

$$
I \begin{cases}
\text{Solution A} \begin{cases} \text{Eau} . . . . 100^{cc} \\ \text{Nitrate d'argent} . . . . 1^{gr} \end{cases} \\
\text{Solution B} \begin{cases} \text{Eau} . . . . 200^{cc} \\ \text{Sulfocyanure d'ammonium. } 2^{gr},5 \end{cases}
\end{cases}
$$

---

[1] *Bulletin du Photo-Club de Belgique*, n° de
février 1899.

On mélange graduellement les deux solutions en ayant soin d'agiter continuellement. Il se forme un précipité de sulfocyanate d'argent.

Pour traiter la plaque, on prend 4 centimètres cubes du bain I après avoir bien agité le flacon pour que le précipité soit en suspension, on ajoute 4 centimètres cubes d'eau et quelques gouttes d'une solution d'ammoniaque à 30 %, jusqu'à dissolution du précipité. On ajoute ensuite dix gouttes de révélateur suivant II et enfin cinq gouttes de solution ammoniacale, et on verse le tout sur la plaque.

$$\text{II} \begin{cases} \text{Solution A} \begin{cases} \text{Eau} \dots \dots \dots \dots 200^{gr} \\ \text{Métabisulfite de potassium.} \quad 2^{gr} \end{cases} \\ \text{Solution B} \begin{cases} \text{Eau} \dots \dots \dots \dots 100^{gr} \\ \text{Acide pyrogallique} \dots 30^{gr} \\ \text{Bromure de potassium} \dots 0^{gr},6 \end{cases} \end{cases}$$

Pendant les trois ou quatre premières minutes, rien n'apparaît, puis l'image monte graduellement; on peut la pousser en ajoutant quelques gouttes d'alcali; laver, repasser à l'hyposulfite à 20 %, puis laver définitivement [1].

---

[1] Extrait du *Bulletin du Photo-Club de Belgique*

CHAPITRE IX

—

LE FIXAGE

67. — Le fixage est l'opération par laquelle une image créée avec l'aide de la lumière est désormais rendue insensible à toute action ultérieure de cet agent. MM. Davanne et Girard (¹) ont précisé les conditions auxquelles doit satisfaire un agent chimique pour constituer un fixateur parfait de l'image photographique :

1° L'agent fixateur doit enlever toute la substance impressionnable non attaquée afin qu'une action subséquente de la lumière ne vienne pas modifier l'effet produit ;

2° Il ne doit laisser dans l'image aucune substance capable de réagir, soit immédiatement, soit à la longue, sur les éléments qui la constituent et d'en altérer les diverses parties ;

3° Il doit n'exercer son action que sur les par-

(¹) *Bulletins de la Société française de Photographie*, années 1859 et suivantes. *Recherches sur la formation des épreuves*. Gauthier-Villars, 1864. Académie des Sciences.

ties non colorées, ou du moins, s'il attaque les parties colorées, il ne doit le faire que très faiblement en réservant toute la douceur des demi-teintes.

Ajoutons qu'il ne doit avoir ni action destructive sur le substratum de l'image (albumine, collodion, gélatine ; à ce point de vue, les sulfocyanates ne peuvent être employés pour images sur gélatine), ni action possible sur l'organisme (aussi le cyanure de potassium, malgré les quelques avantages que pourrait peut-être présenter son emploi, doit-il être absolument proscrit).

Les principaux fixateurs employés sont : l'ammoniaque, les sulfocyanates, les hyposulfites.

Le choix du fixateur, ou du moins les conditions opératoires de son emploi peuvent, aussi dépendre de la nature de l'altération du corps sensible ; en particulier, les conditions pour le fixage d'une image aux sels d'argent ne seront pas toujours les mêmes suivant que l'image a été obtenue par noircissement direct ou par insolation rapide et développement. De toute façon, le fixage devra être précédé d'un lavage à l'eau (additionnée, s'il y a lieu, de substances susceptibles de neutraliser les constituants des bains antérieurs) (¹); on évite ainsi le plus possible l'introduction de

____

(¹) Bain très légèrement acide (acide tartrique) au sortir d'un révélateur alcalin, bain légèrement alcalin au sortir d'un développement acide.

substances étrangères dans le bain fixateur, et surtout leur action ultérieure sur ce bain.

Les images obtenues par le chlorure d'argent se fixent parfaitement dans l'ammoniaque, étendue, si l'on veut, de cinq à six fois son volume d'eau. On obtient ainsi un fixage complet, laissant des épreuves inaltérables, à blancs très purs. La durée des lavages nécessaires après ce fixage est de quelques minutes à peine. Ce mode de fixage, si avantageux pour les *diapositives* de projection, ne convient malheureusement plus dans le cas d'images aux bromures ou iodure d'argent.

Nous n'insisterons pas sur l'emploi des sulfocyanates (appelés quelquefois sulfocyanures), dont le plus employé est le sulfocyanate d'ammonium ; ce mode de fixage est excellent pour images sur albumine ou sur collodion, mais ne convient plus du tout aux images sur gélatine. Les épreuves ainsi fixées seraient, avec quelques précautions, inaltérables. Son emploi étant peu fréquent, nous renverrons ([1]) pour ses quelques particularités à un excellent ouvrage de M. P. Mercier. Disons cependant que, dans les cas où cet emploi est possible, il semble plus avantageux que celui de l'hyposulfite de sodium.

([1]) P. Mercier. —. *Virages et Fixages* (Gauthier-Villars), IIe partie, p. 63.

Nous arrivons enfin aux hyposulfites, dont le seul qui soit fabriqué industriellement est l'hyposulfite de sodium ([1]).

Il semblerait que l'emploi de l'hyposulfite d'ammonium soit plus avantageux; il est donc regrettable que l'industrie ne livre pas ce sel à la consommation à un prix analogue à celui de l'hyposulfite de sodium.

68. — Les solutions d'hyposulfite de sodium s'altèrent peu à peu. A l'abri de l'air, du soufre se précipite et il se forme du sulfite de sodium :

$$S^2O^3Na^2 = SO^3Na^2 + S.$$

Au contact de l'air, le sulfite passe à l'état de sulfate :

$$S^2O^3Na^2 + O = SO^4Na^2 + S.$$

Bien que la présence du sulfate et du sulfite de sodium n'ait pas d'inconvénients (le sulfite de sodium est un dissolvant du bromure d'argent) il est préférable de ne jamais préparer d'avance de trop grandes quantités de la solution d'hyposulfite de sodium.

69. — Par double décomposition, une dissolution d'hyposulfite de sodium, mise en présence d'un chlorure, bromure ou iodure d'argent, donne, outre un chlorure, bromure ou iodure de

---

[1] C'est John Herschell qui le premier, en 1839, employa l'hyposulfite de soude comme dissolvant des sels d'argent.

sodium, dont la formation ne présente aucun intérêt, l'un des trois sels suivants :

$$S^2O^3Ag^2$$

Hyposulfite d'argent proprement dit

$$S^2O^3Ag^2 + S^2O^3Na^2 \qquad S^2O^3Ag^2 + 2\,S^2O^3Na^3$$

Hyposulfites doubles d'argent et de sodium

suivant la concentration et la quantité de la dissolution d'hyposulfite de sodium employée d'après les réactions :

$$AgBr + S^2O^3Na^2 = S^2O^3NaAg + NaBr$$
$$2\,AgBr + 3\,S^2O^3Na^2 = 3(S^2O^3)Ag^2Na^2 + 2\,NaBr.$$

Le premier de ces sels se forme dans la réaction d'une faible quantité d'hyposulfite sur un grand excès d'un sel d'argent. Ce sel insoluble se décompose instantanément en sulfure d'argent noir et acide sulfurique :

$$S^2O^3Ag^2 + H^2O + Ag^2S + SO^4H^2.$$

Hyposulfite   Eau   Sulfure   Acide
d'argent   d'argent   sulfurique

C'est cet hyposulfite d'argent qui prend naissance et donne aussitôt une tache noire quand, avec les doigts imprégnés d'hyposulfite de sodium, on vient à toucher un cliché ou une épreuve non encore fixés.

Comme il est à peu près impossible de faire disparaître ces taches, on devra isoler dans le laboratoire tous les récipients dans lesquels on conserve ou utilise l'hyposulfite de sodium. On se rincera soigneusement les mains aussitôt après avoir touché une dissolution de ce sel.

Si la proportion d'hyposulfite de sodium augmente sans être cependant encore considérable (emploi d'une solution trop diluée ou épuisée par usages antérieurs), on réalise la formation du premier hyposulfite dont le

$$S^2O^3Ag^2 + S^2O^3Na^2.$$

C'est encore lui qui prend naissance, même dans une solution concentrée d'hyposulfite de soude, quand on néglige d'agiter le bain, la solution s'épuise dans la partie maintenue en contact continuel avec le cliché. L'emploi de cuvettes verticales pour le fixage des clichés serait avantageux à ce point de vue, les inégalités de densité devant amener une suite de brassage du liquide.

La lumière semble beaucoup favoriser la formation de ce premier sel double : on évitera donc le fixage en pleine lumière indiqué par plusieurs auteurs comme étant sans inconvénients,

Cet hyposulfite double est absolument insoluble dans l'eau, très peu soluble, une fois formé, dans une autre solution d'hyposulfite de sodium même concentrée, et qui, ne pouvant être éliminé facilement de l'image et s'y décomposant lentement par action simultanée de l'humidité et de la lumière, donnera, dans ce qui était au début les blancs de l'image, une coloration brune due au sulfure d'argent.

Ce n'est donc que par un séjour prolongé dans une solution concentrée d'hyposulfite de soude qu'on peut se débarrasser de ce sel double quand il a pris naissance. Et encore n'arrive-t-on pas à l'éliminer entièrement. Aussi a-t-on proposé de le transformer en sulfate soluble par l'action d'un corps oxydant mais il faut, pour cela, qu'il ne se produise aucune réaction secondaire; or, l'action de l'hypochlorite de sodium (eau de javelle) qu'on recommande souvent donne, en dernier lieu, non pas le sulfite d'argent, mais le chlorure qu'il faudrait alors éliminer par un nouveau traitement à l'hyposulfite de sodium ou mieux à l'ammoniaque (qui ne peuvent être mélangés en un même bain avec l'hypochlorite) ; mêmes conclusions avec les autres composés oxygénés du chlore, du brome et de l'iode. Le persulfate de potassium exempt de cet inconvénient, doit donc pour cet usage être préféré.

Si, enfin, on utilise une dissolution concentrée ($20\ ^0/_0$) d'hyposulfite de sodium, en quantité suffisante pour baigner les clichés sans que ceux-ci s'y gênent mutuellement, si ce bain est de temps à autre bien agité, si l'on n'abuse pas d'une trop grande lumière et si enfin ce bain est remplacé avant qu'il atteigne sa limite d'emploi, il se for-

mera exclusivement le second hyposulfite double :

$$S^2O^3Ag^2 + 2\,S^2O^3Na^2,$$

sel très soluble dans la dissolution d'hyposulfite (à moins que la concentration de celle-ci
n'arrive à dépasser 25 %, ce que l'on évitera),
très soluble aussi dans l'eau, qui sera, par conséquent, très facilement éliminé par les eaux de lavage. C'est donc exclusivement ce sel que l'on
doit chercher à produire pendant l'opération du
fixage : on prendra donc pour cela les diverses
précautions énumérées ci-dessus.

Le séjour de la plaque photographique dans
ce bain devra être prolongé quelques instants
encore après la complète disparition, au dos, de
la couleur laiteuse du sel d'argent ; on laisse
ainsi aux hyposulfites doubles incolores et, par
suite, invisibles le temps de se dissoudre dans
le bain. On a même préconisé, et c'est là une mesure fort prudente, l'immersion de l'image, après
fixage complet, dans un bain d'hyposulfite absolument neuf. Mais ce séjour ne pourrait être indéfiniment prolongé au-delà de la limite nécessaire, l'hyposulfite étant capable, comme on l'a
vérifié directement, d'attaquer l'argent quand ce
métal est, comme précisément dans une image
photographique, à un état d'extrême division ([1]).

([1]) Rappelons que, d'après un travail récent de

La plupart des détails légers dans les ombres disparaîtront donc du phototype par le fait de cette attaque.

70. Décomposition de l'hyposulfite de soude par les acides. — L'addition d'un acide à une solution d'hyposulfite de soude la trouble et dégage une odeur de gaz sulfureux. Cette décomposition a été particulièrement étudiée au point de vue photographique per M. Reeb [1] et par MM. Seyewetz et Chicandard [2]. Nous résumerons l'intéressante étude de ces derniers.

Il y a lieu de distinguer l'action d'un excès d'acide et l'action d'une faible quantité d'acide.

1° *Quand on fait agir à froid un excès d'acide,* l'hyposulfite de soude se décompose en soufre,

---

MM. Haddon et Grundy, la durée nécessaire pour ces lavages est beaucoup moindre qu'on ne l'admet souvent : 20 minutes en eau courante, une demi-heure si l'on effectue le lavage dans des bains d'eau répétés, à condition de renouveler cette eau cinq ou six fois, d'en employer à chaque fois une quantité suffisante, d'y agiter les épreuves ou clichés à laver, et enfin d'égoutter ceux-ci avant de les transporter d'un bain dans le suivant.

[1] H. REEB. — *Étude sur l'hyposulfite de soude.* — Bulletin de la Société française de Photographie, 15 septembre 1894, p. 425.

[2] SEYEWETZ ET CHICANDARD. — *Sur les réactions engendrées par la décomposition de l'hyposulfite de soude dans le fixage des images photographiques.* Bulletin de la Société française de Photographie, 15 janvier 1895, p. 55.

eau et gaz sulfureux selon la réaction :

$$Na^2S^2O^3 + 2\,HM = 2\,MNa + \underbrace{SO^2 + H^2O + S}$$

Hyposulfite   Acide   Produit
de soude   de décomposition

On admet généralement que l'acide met en liberté l'acide hyposulfureux et que ce dernier se décompose immédiatement en eau, soufre et gaz sulfureux :

$$SO^2 {\Large\langle}^{OH}_{SH} = SO^2 + H^2O + S.$$

2° Lorsqu'au contraire, *c'est l'hyposulfite de soude qui est en excès*, il se forme un peu d'hydrogène sulfuré, du gaz sulfuré et un sulfate. MM. Seyewetz et Chicandard expliquent la formation de ces corps, en supposant que l'acide hyposulfureux naissant se combine à l'excès d'hyposulfite de soude pour donner un hyposulfite acide de soude, très instable, qui se décompose en sulfate de soude, hydrogène sulfuré, gaz sulfureux et soufre :

$$S^2O^3Na^2 + 2\,HM = 2\,MNa + 2\,S^2O^3NaH$$

Hyposulfite   Hyposulfite acide
de soude   de soude

$$2\,S^2O^3NaH = SO^4Na^2 + H^2S + SO^2 + S$$

Hyposulfite acide   Sulfate   Hydrogène Gaz
de soude   de   sulfuré   sulfu-
                  soude   reux

On peut résumer ainsi ces deux réactions :

$$2S^2O^3Na^2 + 2HM = 2MNa + SO^4H^2 + H^2S + SO^2 + S.$$

En outre, l'hydrogène sulfuré et le gaz sulfureux peuvent réagir l'un sur l'autre et, en outre, décomposer l'hyposulfite de soude ; de là, deux séries de réactions secondaires possibles.

a) Une partie du gaz sulfureux libre réagit sur une quantité égale d'hydrogène sulfuré pour donner de l'acide pentathionique, réaction classique représentée par l'équation :

$$5\,H^2S \,+\, 5\,SO^2 \,=\, S^5O^6 \,+\, 4\,H^2O \,+\, 5\,S$$

L'acide pentathionique, à son tour, réagit sur l'hyposulfite en donnant de l'acide hyposulfureux et du pentathionate de soude. L'acide hyposulfureux s'unit à l'hyposulfite de soude pour donner un hyposulfite d'acide qui, nous l'avons vu, se décompose en hydrogène sulfuré ; gaz sulfureux, sulfate de soude et soufre. Les équations suivantes rendent compte de ces réactions :

$$2\,S^2O^3Na^2 \,+\, S^5O^6H^2 \,=\, S^5O^6Na^2 \,+\, 2\,S^2O^3NaH$$

Hyposulfite   Acide   Pentathionate   Hyposulfite
de soude   pentathionique   de soude   acide de soude

$$2\,S^2O^3NaH \,=\, H^2S \,+\, SO^2 \,+\, SO^4Na^2 \,+\, S.$$

b) L'hydrogène sulfuré, mis en liberté par l'action d'un acide sur un excès d'hyposulfite de soude, réagit lentement sur l'hyposulfite de soude pour le décomposer peu à peu en bisulfite de soude, sulfure de sodium et soufre :

$$S^2O^3Na^2 \,+\, H^2S \,=\, NaHS \,+\, SO^3NaH \,+\, S$$

Hyposulfite   Sulfure acide   Bisulfite
de soude   de sodium   de soude

En résumé, quand on fait agir à froid un acide quelconque sur un excès d'hyposulfite de soude, la réaction principale donne naissance aux corps suivants :

1° *Gaz sulfureux ;* 2° *hydrogène sulfuré ;* 3° *sel de sodium de l'acide employé ;* 4° *sulfate de soude ;* 5° *soufre.*

En outre, les réactions secondaires donnent naissance, mais à la longue et en petites quantités, aux substances suivantes :

Bisulfite de soude ; penthionate de soude ; sulfure acide de sodium.

71. — On a souvent proposé l'addition à l'hyposulfite de sels divers, en particulier les chlorures de sodium et surtout de magnésium, qui, d'après La Blanchère, facilitent la dissolution du premier hyposulfite double, des sels à acide faible (carbonates, sulfites) destinés à neutraliser les divers acides que pourraient apporter avec elles les images à fixer. Mais l'addition d'un alcali au bain de fixage n'est pas sans inconvénient : si, en effet, on y plonge alors une plaque encore imprégnée de révélateur, celui-ci peut décomposer les sels doubles d'argent, mettant ainsi en liberté un composé insoluble d'argent auquel on peut attribuer le voile jaune se produisant quelquefois au fixage, surtout si l'opération est effectuée à la lumière. Pour enlever au révélateur toute action ultérieure, on immerge souvent la plaque développée dans un bain acide, on choisit alors l'acide tartrique sans action aucune tant sur le dépôt d'argent que sur la gélatine(¹). Mais alors il est bon, croyons-nous, de faire suivre ce bain acide, suffisamment prolongé, d'un bain alcalin : carbonate, sulfite, etc.

On a souvent recommandé aussi l'addition au bain de fixage de bisulfite de soude qui empêcherait la décomposition par les acides.

MM. Seyewetz et Chicandard (²), ayant étudié soigneusement l'effet de cette addition, ont reconnu que :

1° Le bisulfite de soude est sans action sur l'hyposulfite de soude, même à l'ébullition, et qu'en évaporant des mélanges de ces sels en diverses proportions, on obtient un mélange de cristaux dans lequel on retrouve du sulfite de soude, mais sans formation de composé nouveau;

2° Le bisulfite de soude n'empêche nullement la décomposition de l'hyposulfite par les acides, même très étendus. Le sulfite neutre de soude, au contraire, étant alcalin et donnant du bisulfite avant que l'acide agisse sur l'hyposulfite, retarde un peu la décomposition de l'hyposulfite par les acides.

(¹) Les acides citrique et acétique ramollissent la gélatine : l'acide chlorhydrique provoque le décollement.
(²) *Bulletin de la Société française de Photographie*, 15 janvier 1895, p. 59.

72. Alun et Hyposulfite. — On ajoute souvent au bain de fixage de l'alun. Les aluns, en particulier l'alun de chrome, ont, en effet, été longtemps indiqués comme durcissant la gélatine et l'insolubilisant. Ce fait est contestable. En tous cas, une dissolution étendue d'aldéhyde formique présente, à un haut degré, ces avantages sans présenter un seul des nombreux inconvénients des aluns (voir *la Photographie*, 1895, n° 5, p. 68, et 1895, n° 9, p. 134).

Cet usage de l'alun doit complètement être abandonné.

Il arrive, dans ce cas, de deux choses l'une : ou l'on mélange les deux solutions bouillantes, et l'on a alors instantanément une décomposition mutuelle des deux sels jusqu'à complète disparition de l'un d'eux (pourquoi donc, alors, l'avoir introduit ?) :

$$3S^2O^3Na^2 + (SO^4)^3Al^2 =$$

Hyposulfite de   Sulfate
sodium   d'aluminium

$$= Al^2O^3 + 3S + 3SO^2 + 3SO^4Na^2$$

Alumine Soufre   Gaz   Sulfate de
insolubles   sulfureux   sodium

A froid, la réaction est tout à fait différente. MM. Seyewetz et Chicandard [1] ont montré que les trois réactions suivantes avaient lieu :

____

[1] *Bulletin de la Société française de Photographie*, 15 janvier 1895, p. 60.

·1° Le sulfate d'alumine réagit d'abord sur l'hyposulfite de soude pour donner du sulfate de soude et de l'hyposulfite d'alumine :

$$3S^2O^3Na^2 + Al^2(SO^4)^3 = 3SO^4Na^2 + Al^2(S^2O^3)^3$$

Hyposulfite de soude	Sulfate d'alumine	Sulfate de soude	Hyposulfite d'alumine

2° L'hyposulfite d'alumine, corps très instable, est décomposé lentement au contact de l'eau, en donnant du sulfate d'alumine et de l'hydrogène sulfuré :

$$Al^2(S^2O^3)^2 + 3H^2O = 3H^2S + Al^2(SO^4)^3$$

Hyposulfite d'alumine	Sulfate d'alumine

3° Si cet hydrogène sulfuré se trouve en présence d'un excès d'hyposulfite de soude, il le décomposera très lentement en donnant du bisulfite de soude, du sulfure acide de sodium et du soufre :

$$S^2O^3Na^2 + H^2S = SO^3NaH + NaHS + S$$

Hyposulfite de soude	Bisulfite de soude	Sulfure acide de sodium

La présence du sulfite neutre de soude, comme l'a montré M. Lainer ([1]), ou du bisulfite de soude, comme l'a montré M. Reeb ([2]), retarde considérablement l'action de l'alun sur l'hyposulfite.

([1]) LAINER. — *Bulletin de la Société française de Photographie*, 1889.

([2]) REEB. — *Bulletin de la Société française de Photographie*, 15 septembre 1894.

MM. Seyewetz et Chicandard expliquent ce phénomène de la façon suivante ([1]) :

Le bisulfite et le sulfite neutre de sodium sont sans action sur l'hyposulfite de sodium, mais donnent lieu, avec le sulfate d'alumine, à une double décomposition produisant du bisulfite ou du sulfite d'alumine, sans action sur l'hyposulfite :

$$6NaHSO^3 + Al^2(SO^4)^3 = Al^2(SO^3H)^6 + 3Na^2SO^4$$
$$3Na^2SO^3 + Al^2(SO^4)^3 = Al^2(SO^3)^3 + 3Na^2SO^4.$$

L'expérience leur a montré, en outre, que, pour empêcher ou retarder l'action de l'alumine sur l'hyposulfite, il n'était pas nécessaire que tout le sulfate d'alumine fût transformé en sulfite : il suffit de la présence d'une petite quantité de sulfite dans la liqueur pour qu'un équilibre chimique s'établisse et que le soufre cesse de se déposer. Ils ont constaté qu'après cinq jours de contact, il s'était formé, dans le mélange d'hyposulfite et d'alun, une quantité de bisulfite suffisante pour éviter la décomposition ultérieure de l'hyposulfite et que le soufre déposé à ce moment fait environ le *cinquième de la quantité théorique.*

MM. Seyewetz et Chicandard ont également déterminé la quantité minima de bisulfite de

([1]) *Bulletin de la Société française de Photographie,* 1895, p. 61.

soude susceptible d'arrêter la décomposition d'un poids déterminé d'hyposulfite de soude par l'alun.

Ils ont reconnu que cette quantité variait suivant les proportions respectives d'alun et de bisulfite de soude mises en présence.

Ainsi, si l'on emploie vingt fois plus d'hyposulfite que d'alun, il faut, pour éviter toute décomposition, un poids de bisulfite de soude commercial (bisulfite à 4o %) égal à environ le cinquième du poids de l'alun. Cette quantité diminue à mesure que la proportion d'alun augmente par rapport à l'hyposulfite. Ainsi, dans un mélange de 15 grammes d'hyposulfite et de 6o grammes d'alun, il ne faut plus que le centième du poids de l'alun.

73. Hyposulfite et citrates. — Blanquart-Évrard avait préconisé l'addition d'acide acétique au bain de fixage et, en 1855, l'abbé Laborde conseilla d'ajouter au bain de fixage, en liqueur acétique, une certaine quantité d'ammoniaque liquide pour empêcher la précipitation du soufre.

L'addition d'ammoniaque à l'acide acétique donnant de l'acétate d'ammonium, M. Mercier pensa qu'il suffirait d'ajouter au bain de fixage de l'acétate d'ammonium ou un acétate alcalin [1].

------

[1] MERCIER. — *Action des acétates et des citrates alcalins dans les fixateurs. Nouvelles formules de*

L'expérience confirme ces prévisions : il suffit d'ajouter une petite quantité d'acétate de soude pour avoir un bain qui ne se trouble plus par les acides organiques tels que l'acide citrique et l'acide tartrique.

L'addition d'acétate de soude au bain de fixage produit le même effet que le lavage de l'image, avant le fixage, dans une solution alcaline de carbonate, bicarbonate ou de sulfite de soude.

M. Mercier a constaté que les citrates, les tartrates, etc., jouissaient de la même propriété.

Ces sels possèdent aussi la propriété, à des degrés divers, d'empêcher les solutions d'alun de donner un précipité d'alumine au contact de la potasse, de la soude ou de leurs carbonates.

« Il en résulte, dit M. Mercier, que si on prend un fixateur contenant déjà de l'hyposulfite de soude et de l'alun (ainsi qu'un bisulfite destiné à empêcher la production de soufre par la réaction de deux corps précédents), et si on ajoute à ce fixateur une certaine quantité de citrate de soude, on obtient un bain qui ne se trouble plus au contact des révélateurs.

« Il faut éviter l'emploi d'une trop grande quantité de citrate qui, s'il se trouvait en excès, ramollirait la couche de gélatine ; il est également bon d'ajouter au bain une certaine quan-

bains de fixage. Bulletin de la Société française de Photographie, 1ᵉʳ août 1894. p. 356.

tité de chlorure de sodium pour empêcher ou au
moins retarder la décomposition des hyposulfites
d'argent qu'il contiendra lorsqu'il aura servi, et
pouvoir l'utiliser longtemps. »

Voici la formule adoptée par M. Mercier :

Hyposulfite de soude anhydre. . .	100
Bimétasulfite de potasse.	20
Citrate de soude.	5
Chlorure de sodium	20
Alun de potasse pulvérisé	20

Nous avons vu qu'il fallait mieux supprimer
l'alun et passer le cliché fixé et lavé dans un
bain de formol ; nous verrons plus loin qu'un
cliché aluné se renforce difficilement.

74. Hyposulfite anhydre et acide. —
MM. Lumière ont récemment mis dans le commerce un hyposulfite de soude acide et anhydre
qui présente sur l'hyposulfite de soude ordinaire
les avantages suivants :

1° Il se dissout instantanément dans l'eau ;

2° Il renferme sous un poids environ deux
fois moindre, la même quantité de substance
active ;

3° Grâce à sa réaction acide, il peut fixer un
grand nombre de clichés sans se colorer, même
si ces clichés ont été insuffisamment lavés au
sortir du révélateur.

« On sait, en effet, que si l'on emploie comme
fixateur l'hyposulfite de soude ordinaire avec

les divers révélateurs organiques, le bain fixateur se colore très rapidement en jaune puis en brun. Cette coloration qui se communique facilement aux couches gélatinées provient de l'oxydation de petites quantités de révélateur non éliminées par un lavage préalable avant de plonger la plaque dans l'hyposulfite de soude, et se produit surtout à cause de la *réaction alcaline* du fixateur ».

4° Il devient même possible, en employant ce nouveau produit, de fixer les plaques ou papiers sans les laver après le développement ;

5° Enfin, il durcit légèrement la gélatine, ce qui est un avantage pour le fixage lorsque la température est élevée.

Le bain de fixage se fait en dissolvant 80 grammes d'hyposulfite de soude acide et anhydre dans un litre d'eau.

CHAPITRE X

—

RENFORCEMENT

75. — Il arrive souvent que le cliché terminé n'est pas assez opaque. Trois causes peuvent intervenir :

1° *Le temps de pose a été trop court.*

En ce cas, ou tous les détails de l'image sont apparus au développement, mais l'image n'est pas assez intense, ou nombre de détails n'ont pas été inscrits ; l'opération du renforcement ne peut faire apparaître ces détails. Dans le premier cas, au contraire, le renforcement est tout indiqué.

2° *Le temps de pose a été normal ; mais on a arrêté le développement trop tôt.*

En ce cas, tous les détails de l'original sont bien inscrits sur le négatif, mais l'intensité de l'image est trop faible. Le renforcement donne alors d'excellents résultats.

3° *Le temps de pose a été trop long ;* le négatif a une apparence uniforme, grise, due à un voile plus ou moins accentué selon le degré de surexposition et la conduite du développement. Si on renforçait un tel cliché, le voile serait augmenté en même temps que l'intensité de l'image. Aussi doit-on d'abord enlever le voile, ce que l'on fait en plongeant le négatif fixé et bien lavé dans :

Bichromate de potassium . . .	1
Acide chlorhydrique	3
Eau	100 à 150

ou dans

Bichromate de potassium . . .	1
Acide sulfurique	3
Eau	100 à 150

76. Manière d'agir des renforçateurs. — L'opération du renforcement substitue à l'argent constituant l'image un composé plus opaque.

Nous empruntons à un excellent ouvrage de M. A. de la Baume-Pluvinel ([1]), la manière d'agir des renforçateurs :

« Si les renforçateurs agissaient également sur tout le cliché, ils produiraient le même effet qu'un écran translucide et diminueraient la transparence sans modifier les oppositions. Le tirage conduirait alors au même résultat que des épreuves positives, que le cliché soit renforcé ou non.

Mais nous allons voir que les renforçateurs n'agissent pas ainsi, et qu'ils ont bien pour effet

[1] A. DE LA BAUME-PLUVINEL. — *Le développement de l'image latente*, p. 89. Paris, Gauthier-Villars, 1889.

d'augmenter les contrastes entre les diverses parties du cliché. En effet, on démontre que la transparence T_j d'une partie p_1 d'un cliché est donnée par une expression de la forme :

$$T_1 = e^{hv}$$

dans laquelle e est la base des logarithmes népériens ; h, un facteur constant et v, le coefficient d'absorption de la couche de gélatine saturée d'argent réduit [1].

« Si le renforcement a pour résultat de substituer à l'argent un composé plus opaque, dont le coefficient d'absorption est par exemple mv, la nouvelle transparence de la partie p_1 s'obtiendra en remplaçant dans l'expression précédente v par mv.

On a donc pour la nouvelle transparence t_1 de la partie p_1 :

$$t_1 = T_1{}^m.$$

« De même, pour les autres parties p_2, p_3 .... p_n du cliché :

$$t_2 = T_2{}^m$$
$$t_3 = T_3{}^m$$

. . . .

$$t_n = T_n{}^m.$$

Et le rapport de deux de ces transparences est

$$\frac{t_1}{t_2} = \left(\frac{T_1}{T_2}\right)^m$$

---

[1] A. DE LA BAUME-PLUVINEL. — *La photographie au gélatino bromure d'argent. Le temps de pose*, Paris, Gauthier-Villars et fils, 1889.

m étant plus grand que l'unité ; on voit que le renforcement augmente le rapport des transparences de deux éléments quelconques de l'image négative, et par suite, rend plus sensible les contrastes de cette image.

« Les contrastes entre les divers éléments de l'image sont augmentés davantage, par le renforcement, lorsque quelques-uns de ces éléments ne contiennent pas trace d'argent réduit.

« En effet, si T_2 est la transparence, avant le renforcement, d'un élément p_2, qui ne contient pas d'argent réduit (c'est-à-dire la transparence de la couche de gélatine) la transparence de cet élément, après le renforcement, sera encore T_2.

« Le rapport entre la transparence d'un élément p_1 et la transparence de l'élément p_2 sera donc, après renforcement :

$$\frac{T_1^m}{T_2}$$

tandis que si l'élément p_2 contenait de l'argent réduit le rapport des transparences de p_1 et de p_2 serait plus petit et égal à :

$$\left(\frac{T_1}{T_2}\right)^m$$

« Le cas que nous venons de considérer se présente quand on reproduit des traits noirs sur un fond clair et, d'une manière générale, toutes les fois que l'action de la lumière est trop faible pour donner pratiquement une réduction d'argent.

« Nous avons supposé implicitement, dans ce qui précéde, que l'image était renforcée à fond, c'est-à-dire que toutes les molécules d'argent de la couche de gélatine étaient remplacées par des molécules plus opaques. Or, on peut arrêter l'action du renforçateur avant qu'il ait agi sur toute l'image métallique. Dans ce cas, le renforçateur agit inégalement sur les diverses parties de la couche de gélatine ; son action est plus complète sur les molécules d'argent qui se trouvent à la partie supérieure de la couche de gélatine que

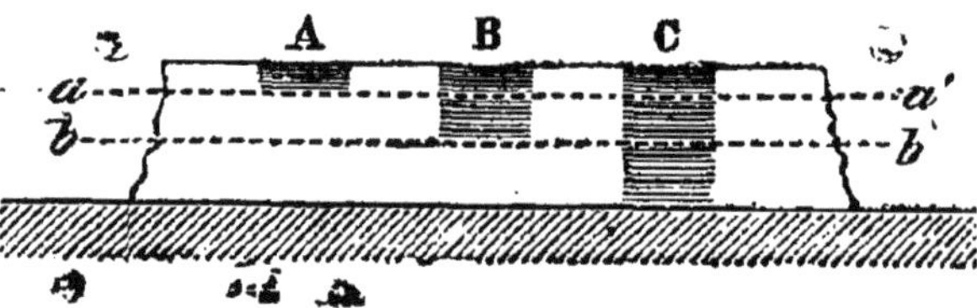

sur les molécules voisines de la plaque de verre. Cette manière d'agir du renforçateur est la consé-quence de la pénétration graduelle du bain de renforcement dans la couche de gélatine.

« Or, dans les parties du cliché où l'action lu-mineuse a été très faible, la réduction de l'argent ne se propage pas toujours jusqu'au fond de la couche de gélatine. Dans une partie très transpa-rente A (voir la figure ci-dessus) l'argent n'est réduit, par exemple, que jusqu'au niveau aa' ; dans une autre partie B, il sera réduit jusqu'en bb' et, dans une partie plus opaque C, il sera ré-duit dans toute l'épaisseur de la couche.

« Ceci posé, on voit qu'un liquide pénétrant graduellement dans la couche de gélatine peut avoir terminé le renforcement à fond des parties A et B de l'image et continuer à agir sur la partie C.

« Si l'on arrête le renforcement lorsque l'action du bain est complète jusqu'au niveau bb', le rapport des transparences des parties A et B, renforcées à fond, sera augmenté autant que possible, tandis que la partie C, étant incomplètement renforcée, le contraste entre B et C ne sera que partiellement augmenté.

« En résumé, le renforcement augmente l'intensité des noirs du cliché et amplifie les contrastes de l'image. Un renforcement partiel convient aux clichés un peu trop doux et permet d'augmenter le contraste des demi-teintes entre elles sans augmenter autant le contraste entre les demi-teintes et les grand-noirs. Un renforcement à fond doit être appliqué aux clichés gris, uniformes, qui manquent de vigueur, ou aux clichés qui représentent des reproductions de traits ».

77. Méthodes de renforcement. — Trois méthodes principales ont été proposées. Elles consistent :

La *première*, à juxtaposer à l'argent une certaine quantité d'un autre métal.

La *seconde*, à substituer à l'argent une quantité proportionnelle d'un corps plus opaque.

La *troisième*, à augmenter la quantité d'argent constituant l'image.

I. JUXTAPOSITION A L'ARGENT
D'UN AUTRE MÉTAL

78. Théorie. — L'avantage de cette méthode est de laisser, en définitive, une image dont la stabilité est absolument comparable à celle de l'image primitive. Le métal le plus généralement choisi est le mercure.

Le phototype est plongé dans une solution de chlorure mercurique (bichlorure de mercure); l'argent s'empare d'une partie du chlore de ce sel qui se trouve ainsi amené à l'état de sel mercureux auquel s'unit immédiatement, pour former un sel double, le chlorure d'argent résultant :

$$HgCl^2 + Ag = (AgCl, HgCl).$$

Chlorure   Argent   Sel double de
mercurique   chlorure mercureux et
                        de chlorure d'argent

En traitant la plaque, après rinçage complet. par un corps réducteur, les deux métaux pourront être mis en liberté ; on aura ainsi juxtaposé 200 grammes de mercure à 108^{gr} d'argent.

Les expériences prolongées du chimiste anglais Chapman Jones conduisent à préférer, pour cette mise en liberté des métaux, l'emploi d'un bain révélateur à l'oxalate ferreux qui seul per-

met une juxtaposition en proportions rigoureusement invariables :

$$AgHgCl^2 + 2C^2O^4Fe + C^2O^4K^2$$

Chlorure double   Oxalate ferreux dissous
d'argent et de   dans un excès d'oxalate
mercure   de potassium

$$= Ag + Hg + Fe^2(C^2O^4)^3 + 2KCl$$

Argent Mercure   Oxalate   Chlorure
ferrique   de
potassium

Remarquons que nous avons, à ce moment,
dans la pellicule, une quantité d'argent rigoureusement identique à la quantité primitive, répar-
tie suivant la même loi. On pourra donc répéter
cette série d'opérations et déposer dans la couche
une nouvelle quantité de mercure... jusqu'à réaliser ainsi l'opacité voulue. La seule précaution
à prendre est de ne plonger la plaque dans le
renforçateur au mercure qu'après l'avoir exactement débarrassée de la moindre trace d'hyposulfite avec lequel se produirait une décomposition
mutuelle, dont le résultat serait la perte du phototype.

La mise en liberté des deux métaux pourrait
s'effectuer souvent au moyen d'une dissolution
de sulfite de sodium ou d'un vieux révélateur, on
réussit peut-être plus facilement ainsi avec moins
de précautions, mais le phénomène de juxtaposition n'est pas aussi net, aussi certain qu'avec

l'oxalate ferreux : on peut s'en rendre compte en
cherchant à répéter plusieurs fois l'opération du
renforcement ; on arrive quelquefois à constater
alors, non un renforcement, mais bien un affaiblissement par suite du passage d'une partie des
métaux à l'état de sels solubles sous l'influence
des agents utilisés. C'est là cependant, dans la
pratique courante, un bon procédé qui, d'ailleurs,
est fréquemment employé.

Le sulfite de sodium dissout le chlorure d'argent et réduit le chlorure mercureux à l'état métallique.

$$Hg^2Cl^2 + SO^3Na^2 + H^2O = 2Hg + SO^4Na^2 + 2HCl$$

Chlorure	Sulfite		Sulfite	Acide
mercureux	de		de	chlorhy-
	sodium		sodium	drique

L'action du sulfite de sodium sur le chlorure
mercureux a été étudiée par Divers et Schmidzer
(*Journal Of the Chemical Society*, XLIX, p.533).
Ils ont voulu voir dans le produit du noircissement un sulfate *hypomercurique*, $Hg(SO^3)^2Hg^3$.
Les raisons par eux données pour justifier une
écriture aussi compliquée ont été considérées généralement comme insuffisantes. Aussi admet-
trons-nous, avec Chapman Jones, la réaction :

$$Hg^2Cl^2 + SO^3Na^2 = SO^3Hg^2 + 3\,NaCl\,;$$

mais, quelles que soient les précautions prises,
ce sel mercureux, sous l'influence d'un excès de

sulfite de sodium, se double aussitôt en mercure libre et sel mercurique, ce dernier passant dans la dissolution à l'état de sel double :

$$SO^2Hg^2 + SO^2Na^2 = (SO^3Na)^2Hg + Hg.$$

On remarque qu'en définitive, aucune partie du sulfite introduit ne s'est oxydée ; il est donc faux d'attribuer, comme on le fait quelquefois, aux propriétés réductrices du sulfite, le dépôt de mercure dans cette réaction. On peut synthétiser l'ensemble de l'opération par la réaction totale :

$$4\,HgAgCl^2 = 3\,HgCl^2 + 2\,AgCl + Ag^2Hg$$

Sel double   dissous par le sulfite   formant l'image

79. Pratique. — Le cliché fixé et lavé à fond, déverni, s'il était verni, est plongé dans une solution de chlorure mercurique à 5 $^0/_0$. Cette solution doit autant que possible être conservée dans l'obscurité.

La solution du chlorure mercurique dans l'eau pure n'est pas stable et donne lieu à un phénomène de dissociation en acide chlorhydrique et chlorure mercureux, ce dernier très gênant pour l'usage particulier que nous avons en vue. L'addition à la liqueur primitive de quelques gouttes d'acide chlorhydrique s'oppose à cette décomposition. Il est bon d'ajouter aussi une pincée de sel ordinaire ou mieux de sel ammoniac.

On emploie aussi souvent le bain :

Eau 100
Chlorure mercurique. 2
Bromure ou iodure de potassium . . 2

On laisse le cliché dans ce bain plus ou moins longtemps, selon le degré de renforcement qu'on veut obtenir.

Si on désire un renforcement complet, on enlève le cliché du bain de chlorure mercurique dès que l'image sera aussi blanche à l'envers qu'à l'endroit.

Il faut avoir soin, avant de plonger le négatif dans le bain de chlorure mercurique, de l'immerger au moins une demi-heure dans l'eau pure pour rendre la gélatine perméable aux liquides ; mais on ne doit jamais renforcer un cliché sec où dont la dessiccation n'est que partielle : le bain agirait plus profondément dans les parties humides et le renforcement serait inégal.

Si le cliché n'a pas été suffisamment lavé après le fixage, s'il renferme, par suite, encore des traces d'hyposulfite, celui-ci, décomposé par le chlorure mercurique, laissera déposer sur la gélatine un précipité de soufre.

Au sortir du bain de blanchiment, le cliché doit être parfaitement lavé.

Pour éviter la décomposition, à ce moment, du sel mercurique en excès, il est recommandé

de commencer le lavage avec une eau acidulée
par l'acide chlorhydrique ; il est bon, pendant ce
rinçage, de frotter la couche avec une peau de
daim ou un tampon de ouate pour enlever, à coup
sûr, tout dépôt superficiel qui eût pu se former
et provoquerait, dans le traitement suivant, la
formation de taches.

Après ce lavage, le cliché blanchi est plongé
soit dans un bain révélateur, soit dans une solution à 10 $^0/_0$ de sulfite de soude (à 5 $^0/_0$, si on
emploie le sulfite de soude anhydre), jusqu'à ce
que l'image ait l'intensité voulue ; il suffit alors
de le laver et de le faire sécher.

II. SUBSTITUTION A L'ARGENT D'UN CORPS
PLUS OPAQUE

80. Théorie. — L'opération se fait encore en
deux fois et le chlorure mercurique est encore
utilisé pour remplacer l'argent constituant
l'image par un mélange de chlorure d'argent et
de chlorure mercureux.

La plaque, une fois blanchie, est rincée avec
les mêmes précautions que ci-dessus, puis noircie
soit dans une dissolution d'hyposulfite de sodium, soit dans l'ammoniaque.

L'hyposulfite de sodium laisse place à peu
près intégralement à du sulfure de mercure avec

traces de sulfure d'argent, la plus grande partie du sel d'argent ayant été, comme dans l'opération du fixage, transformée en sels solubles. Cette méthode doit absolument être rejetée. On emploie couramment, au contraire, l'ammoniaque étendue de quatre à cinq fois son volume d'eau ; ce traitement est cependant bien inférieur à ceux indiqués tout d'abord.

L'ammoniaque dissout le chlorure d'argent et se combinant au chlorure mercureux donne un composé ammonié de chlorure de mercuroso-ammonium plus opaque que l'argent :

$$2HgCl + 2AzH^3 = ClAzH^2Hg^2 + AzH^4Cl.$$

Il faut avoir soin de bien laver le cliché au sortir du bain de chlorure mercurique ; sinon, ce dernier produirait, dans le bain ammoniacal, un précipité blanc de chlorure de mercuram-monium sur l'image :

$$HgCl^2 + 2AzH^3 = AzH^4Cl + ClAzH^2Hg.$$

En outre, le chlorure mercurique donne avec la gélatine un composé organique précipité sous forme de poudre blanche, précipité qui, s'il n'était pas enlevé par le lavage, déposerait du mercure sur l'image dans le bain d'ammoniaque, formant ainsi des taches d'aspect métallique.

Aussi vaut-il mieux renoncer à l'emploi du chlorure mercurique et utiliser l'action sur l'argent du ferricyanure de potassium pour substituer à l'argent un ferrocyanure coloré plus opaque, en particulier le ferrocyanure d'urane, d'un rouge brun très peu perméable aux radiations actives. Au contact du ferricyanure de potassium et de l'argent, il se produit, en effet, la réaction :

$$4Ag + 2Fe^2Cy^{12}K^6 = 3FeCy^6K^4 + FeCy^6Ag^4$$

Argent	Ferricyanure (1)	Ferrocyanure	Ferrocyanure
	de potassium	de potassium soluble	d'argent insoluble

Le ferrocyanure d'argent, insoluble dans l'eau, reste dans la couche, à moins que n'agisse sur lui un de ses dissolvants (sulfocyanate alcalin...).

Si l'on a pris la précaution d'ajouter au ferricyanure de potassium un sel métallique ne le précipitant pas et au métal duquel corresponde un ferrocyanure insoluble, ce sel agira sur le ferrocyanure soluble naissant et, par double décomposition mutuelle, précipitera le ferrocyanure coloré insoluble qui, par suite de l'instantanéité de cette dernière réaction, se déposera nécessairement aux points mêmes où existait l'argent ; on pourra faire former ainsi les ferrocyanures insolubles de molybdène (noir), de

---

(1) Dans un grand nombre de formules chimiques on remplace par Cy la formule CAz du cyanogène pour rappeler l'assimilation de ce composé avec un corps simple.

cuivre (rouge), d'urane (rouge brun) ([1]). Inversement, si, par quelque procédé, l'on fait former un ferrocyanure insoluble de couleur actinique : ferrocyanure ferrique (bleu), de plomb (blanc)... on aura réalisé un affaiblissement du photo-type.

81. Pratique. — Pour le renforcement à l'ammoniaque, on emploie le plus souvent le bain :

$$Eau . . . . 100$$
$$Ammoniaque à 22° . . . . . . 5$$

Il faut avoir soin d'agiter la cuvette contenant le bain d'ammoniaque.

Voici la pratique des renforcements aux ferrocyanures d'urane et de plomb, d'après M. L. P. Clerc.

A. On prépare la solution :

$$A \begin{cases} Eau . . . . 100 \\ Acide\ acétique\ cristallisable . 10 \\ Ferricyanure\ de\ potassium. . 1 \end{cases}$$

Cette solution s'altère assez rapidement et sur-

([1]) Nous remarquerons que ce procédé de renforcement n'est autre que le procédé de virage « à l'urane », que l'on trouvera très complètement décrit dans les numéros 6 (1er juin 1897), 2 et 3 (février et mars 1899) du journal *La Photographie*. Les virages aux ferrocyanures ont été récemment étudiés par M. L. P. CLERC dont nous résumerons le travail dans le II volume de la *Chimie des Manipulations photographiques*.

tout sous l'influence de la lumière ; on ne la prépare donc qu'au moment de l'emploi.

B. Virage aux ferrocyanures d'uranyle. — Pour diverses raisons, on préférera l'acétate d'urane à l'azotate ; on préparera donc la solution :

$$
B \begin{cases}
\text{Eau} & \text{.} & \text{.} & \text{.} & \text{.} & \text{.} & \text{.} & \text{.} & \text{.} & \text{.} & 100 \\
\text{Acide acétique cristallisable} & \text{.} & & 10 \\
\text{Acétate d'urane commercial} & \text{.} & & 1
\end{cases}
$$

Suivant la proportion employée des solutions A et B, en forme soit le ferrocyanure brun d'urane, soit, au contraire, le ferrocyanure rouge feu ; une proportion intermédiaire fournit un mélange brun rouge de ces deux colorants.

Pour obtenir à coup sûr l'un ou l'autre de ces deux ferrocyanures à l'état de pureté, il est, d'ailleurs, avantageux d'exagérer la quantité de celui des deux constituants que l'étude théorique nous indique comme devant prédominer. On prendra, par exemple :

Nuance de l'image virée	Solution A	Solution B
Brun sépia. . . .	50cc	100cc
Brun rouge . . .	50	70
Rouge feu	50	50

Dans tous les cas où la formation du ferrocyanure rouge est possible (obtention des nuances brun rouge et surtout rouge feu), on tiendra compte de ce fait que ledit ferrocyanure est assez facilement soluble ; tous mouvements du liquide seront donc soigneusement évités, sous peine de voir l'image s'y diffuser progressivement.

C. Virage au ferrocyanure de plomb. — Ce procédé de renforcement reconnu depuis longtemps, à l'Institut photographique de Vienne, comme le plus avantageux dans le cas particulier des clichés de trait (reproduction de gravures au trait), est complètement inutilisable pour tous clichés à demi-teintes.

On prépare la solution :

$$
C \begin{cases} \text{Eau} \dots \dots \dots \dots & 100 \\ \text{Acide acétique cristallisable} & 10 \\ \text{Acétate de plomb} \dots \dots & 1 \end{cases}
$$

et l'on mélange, pour l'emploi :

	Solution A	Solution B
Image blanche . .	50^{cc}	50^{cc}

Après blanchiment complet de l'image, on rince longuement pour éliminer à coup sûr tout excès de sel de plomb soluble, et on abandonne enfin, jusqu'à noircissement complet, la plaque traitée dans une solution, à un titre quelconque, 5 % par exemple, de sulfure de potassium. L'image est, dès lors, d'une opacité absolue ; un rinçage de quelques minutes en eau courante suffit à entraîner l'excès du sulfure dissous.

III. JUXTAPOSITION EN PROPORTIONS IRRÉGULIÈRES D'UN CORPS OPAQUE A L'ARGENT DE L'IMAGE

82. Théorie. — On peut accroître l'opacité d'un phototype dans ses parties noires, mais non proportionnellement à l'opacité primitive, soit en virant à l'or le cliché d'après les méthodes indiquées pour les photocopies, soit en provoquant un précipité d'argent qui, par suite d'une sorte d'affinité bien connue dans tous les phénomènes de précipitation, se déposera de préférence sur les points où existe déjà de l'argent. (*Développement physique* ; § **10**).

Ce procédé de renforcement était surtout utilisé dans le procédé au collodion humide ; il a l'avantage de permettre de s'arrêter aisément à l'intensité désirée et de ne nuire en rien à la délicatesse des demi-teintes.

Il ne faut l'appliquer qu'à des clichés ne renfermant aucune trace d'hyposulfite, sinon on s'expose à un voile jaune.

83. Pratique. — Nous décrirons deux méthodes de renforcement physique, d'après Eder ([1]).

---

[1] Dr J. M. EDER. — *Théorie et pratique du procédé au gélatino-bromure d'argent*, traduction française de la 2e édition allemande, par Hector Colard et P. Campo, p. 187. — Paris, Gauthier-Villars, 1883.

On prépare les solutions :

$$A \begin{cases} \text{Acide pyrogallique.} \ . \ . \ . & 1^{gr} \\ \text{Acide citrique} \ . \ . \ . \ . \ . & 1 \text{ à } 2^{gr} \\ \text{Eau} \ . \ . \ . \ . \ . \ . \ . \ . & 300 \end{cases}$$

$$B \begin{cases} \text{Azotate d'argent} \ . \ . \ . \ . & 2 \\ \text{Eau} \ . \ . \ . \ . \ . \ . \ . \ . \ . & 100 \end{cases}$$

La plaque est d'abord recouverte de la solution A, puis plongée dans le bain

$$\begin{array}{ll} \text{Solution A.} \ . \ . \ . \ . \ . & 50^{cc} \\ \text{Solution B.} \ . \ . \ . \ . \ . & 30 \text{ à } 40 \text{ gouttes.} \end{array}$$

Wratten et Wainwright préfèrent employer :

$$\begin{matrix} A & & \\ \text{Solution} & \begin{cases} \text{Eau} \ . \ . \ . \ . \ . \ . \ . \ . & 20 \\ \text{Gélatine} \ . \ . \ . \ . \ . \ . & 1^{gr} \\ \text{Acide acétique} \ . \ . \ . \ . & 12^{cc} \end{cases} \\ \text{de gélatine} & \end{matrix}$$

$$\begin{matrix} B & & \\ \text{Solution de fer} & \begin{cases} \text{Eau} \ . \ . \ . \ . \ . \ . \ . \ . & 100 \\ \text{Sulfate ferreux} \ . \ . \ . \ . & 3 \end{cases} \end{matrix}$$

$$\begin{matrix} C & & \\ \text{Solution} & \begin{cases} \text{Eau} \ . \ . \ . \ . \ . \ . \ . \ . & 50 \\ \text{Acide acétique} \ . \ . \ . \ . & 60 \\ \text{Azotate d'argent.} \ . \ . \ . & 1 \end{cases} \\ \text{d'argent} & \end{matrix}$$

La plaque est recouverte d'un mélange de 60 gouttes de A, et 30^{cc} de B qu'on fait couler bien uniformément ; on ajoute ensuite quelques gouttes de C. Le renforcement s'opère lentement, mais sûrement.

Il arrive parfois que, malgré un lavage soigné, la gélatine retient un peu d'azotate d'argent qui la colore à la longue ([1]).

([1]) Hadow, Hardwich, Llewlyn et Maskelyne, ont constaté en 1859 que la gélatine retient un peu d'azo-

On évite cet inconvénient en plongeant le négatif renforcé dans une solution faible d'hyposulfite de soude, de sulfocyanate d'ammonium ou de cyanure de potassium (à 1% par exemple).

Le bain doit couvrir complètement la plaque qu'il faut agiter continuellement, sans quoi il se produit un voile rouge.

Jastrzembski a préconisé l'emploi de l'acide gallique qui agit plus lentement.

On prépare les deux solutions :

$$A \begin{cases} \text{Acide gallique.} & . & . & . & 1 \\ \text{Alcool} & . & . & . & . & . & . & 10 \end{cases}$$

$$B \begin{cases} \text{Azotate d'argent} & . & . & . & 1 \\ \text{Acide acétique} & . & . & . & 0,25 \text{ à } 0,33 \\ \text{Eau.} & . & . & . & . & . & . & 16 \end{cases}$$

Pour l'usage, on prend :

$$\begin{array}{ll} \text{A.} \; . \; . \; . \; . \; . \; . \; . \; . \; . \; . & 1 \\ \text{Eau distillée.} \; . \; . \; . \; . \; . \; . & 4 \end{array}$$

et on ajoute quelques gouttes de B.

Il est bon, avant de plonger le cliché dans le bain de renforcement, de le mettre quelques minutes dans :

$$\begin{array}{ll} \text{Eau} \; . \; . \; . \; . \; . \; . \; . \; . \; . \; . & 4 \\ \text{Alcool} \; . \; . \; . \; . \; . \; . \; . \; . \; . & 1 \end{array}$$

Si on veut que le renforcement aille plus vite,

<hr>

tate d'argent qu'aucun lavage à l'eau froide ne peut enlever. *Journal of Phot. Soc.*, London, vol. 6, p. 308 ; Kreutzer Zetsch. Phot. 1860, p. 379.

on dissout, comme l'indique Belitzki, une partie
d'acide gallique dans 100 d'eau chaude ; on filtre
et après refroidissement, on ajoute une quantité
égale de la solution :

$$
\begin{aligned}
&\text{Eau.} \ldots\ldots\ldots\ldots\ldots && 100 \\
&\text{Azotate d'argent} \ldots\ldots && 2 \\
&\text{Acide acétique} \ldots\ldots\ldots && 2
\end{aligned}
$$

Il est bon, après le renforcement, de plonger
le cliché dans :

$$
\begin{aligned}
&\text{Eau} \ldots\ldots\ldots\ldots\ldots && 200 \\
&\text{Iodure de potassium} \ldots\ldots && 10
\end{aligned}
$$

qui transforme l'azotate d'argent retenu par la
gélatine en iodure d'argent insensible à la lumière. On lave ensuite et on sèche.

Si, par hasard, il se formait sur l'image des
taches d'apparence floconneuse et irisée, on les
ferait disparaître au moyen d'une solution de
cyanure de potassium à 1 %.

Parmi les nombreuses formules qui ont été
proposées, nous citerons encore les suivantes :

$$
a \left\{
\begin{aligned}
&\text{Eau distillée chaude.} \ldots\ldots && 1000 \\
&\text{Glycérine.} \ldots\ldots\ldots\ldots && 200 \\
&\text{Acide gallique.} \ldots\ldots\ldots && 8
\end{aligned}
\right.
$$

$$
b \left\{
\begin{aligned}
&\text{Eau distillée.} \ldots\ldots\ldots && 1000 \\
&\text{Nitrate d'argent} \ldots\ldots\ldots && 60 \\
&\text{Acide azotique.} \ldots\ldots\ldots && 15 \\
&\text{Acide citrique.} \ldots\ldots\ldots && 15
\end{aligned}
\right.
$$

Verser sur la plaque 20 parties de a et 1 à
2 parties de b mélangées au moment de l'emploi.

Dès qu'on a obtenu l'intensité voulue arrêter net le renforcement dans une eau chargée de sel de cuisine, puis laver à fond.

Formule de M. Gœdicke :

a {
Eau distillée. 1000
Sulfocyanure d'ammonium. . 480
Nitrate d'argent 20
Sulfite de soude 240
Hyposulfite de soude. . . . 48
Solution de bromure de potassium à 10 $^0/_0$. . . . . 60 gouttes
}

On prend, pour l'usage

Solution a . . . . 6^{cc}
Eau . . . . 54^{cc}
Rodinal ([1]). . . . . 2^{cc}

([1]) Rappelons que le rodinal n'est autre que le chlorhydrate de paramidophénol (§ **53**).

CHAPITRE XI

—

AFFAIBLISSEMENT

Trois cas peuvent se présenter :

I. LE CLICHÉ TERMINÉ EST UNIFORMÉMENT TROP OPAQUE

84. Théorie. — Il donnerait bien de bonnes photocopies, mais son manque de transparence rend le tirage des épreuves presque impossible. Le développement a été poussé trop loin, mais sans produire de voile.

« Pour éclaircir un cliché empâté par un développement trop poussé, dit avec raison M. A. de la Baume-Pluvinel (¹), il faut faire dissoudre une certaine quantité de l'argent réduit sans altérer la gradation des tons de l'image. A cet effet, le bain dissolvant doit agir simultanément et également sur toutes les parties de l'image. On emploiera donc un bain dont l'ac-

---

(¹) A. DE LA BAUME-PLUVINEL. — *La photographie au gélatino-bromure d'argent. Le développement de l'image latente*, p. 100. — Paris, Gauthier-Villars, 1889.

tion soit très faible, afin qu'il puisse pénétrer toute la couche de gélatine avant d'agir d'une manière sensible à la surface de la plaque.

« Le cliché diminuera d'intensité dans ce bain, proportionnellement à la durée de son action et sans que la valeur des tons de l'image soit altérée ».

Dans ce cas, il s'agit de dissoudre une partie de l'argent constituant l'image. Pour ce, on commence par le transformer partiellement en chlorure, bromure, iodure ou ferrocyanure d'argent... qu'on dissout ensuite. On emploie, pour cela, l'eau de chlore, le chlorure cuivrique, le chlorure ferrique, l'hypochlorite de soude ou eau de javelle, l'iode en solution dans l'iodure de potassium, le ferricyanure de potassium, etc.

Le chlorure ferrique, par exemple, donne la réaction :

$$2\,Ag + Fe^2Cl^6 = 2\,AgCl + 2\,FeCl^2,$$

et on dissout le chlorure d'argent ainsi obtenu dans l'hyposulfite de soude.

Mais en opérant ainsi, on ne peut apprécier l'affaiblissement qu'après passage à l'hyposulfite ; la quantité de chlorure d'argent formée dans le premier bain ne peut être estimée. Aussi est-il préférable que la dissolution du chlorure, bromure, iodure, ferrocyanure... d'argent s'effectue au fur et à mesure de sa formation. Mais on ne peut mélanger, pour qu'il en soit ainsi, le chlorure ferrique à l'hyposulfite de sodium. Ces deux corps réagissant l'un sur l'autre, il se forme du chlorure ferreux, sans action sur l'argent de l'image :

$$4\,Fe^2Cl^6 + S^2O^3Na^2 + 5\,H^2O = 2\,SO^4HNa +$$
$$+\, 8\,H^2O + 8\,FeCl^2.$$

Mais on peut mélanger l'hyposulfite de soude au ferricyanure de potassium qui fait passer l'argent à l'état de ferrocyanure :

$$2\,Fe^2Cy^{12}K^6 + 4\,Ag = 3\,FeCy^6K^4 + FeCy^6Ag^4.$$

<table>
<tr><td>Ferricyanure
de
potassium</td><td>Ferrocyanure
de
potassium</td><td>Ferrocyanure
d'argent</td></tr>
</table>

Le ferricyanure de potassium n'agit, en effet, que très lentement sur l'hyposulfite.

85. Pratique. — Le procédé d'affaiblissement au ferricyanure, dû à E.-H. Farmer qui l'a publié en 1884, est le plus pratique de tous ceux qu'on a proposés.

On prépare la solution :

$$A \begin{cases} \text{Eau} \dots\dots\dots\dots\dots & 100 \\ \text{Ferricyanure de potassium.} & 4 \end{cases}$$

au moment de l'emploi ;
et la solution

$$B \begin{cases} \text{Eau} \dots\dots\dots\dots\dots & 100 \\ \text{Hyposulfite de soude} \dots & 10 \end{cases}$$

qui n'est autre que le bain de fixage des clichés.

On plonge le cliché, préalablement immergé

dans l'eau, pendant quelques minutes, pour perméabiliser la gélatine, dans le bain :

A . . . . 5 à 10^{cc}
B . . . . 100^{cc}

L'affaiblissement allant assez vite, il faut surveiller le bain avec soin et dès qu'on est arrivé au degré voulu, laver abondamment le cliché affaibli.

On peut aussi affaiblir localement l'image au moyen d'un pinceau. Mais ces retouches locales sont excessivement délicates.

Une excellente méthode est aussi celle dite à l'eau céleste.

Deux solutions sont nécessaires : 1° de l'eau céleste obtenue en dissolvant dans 100 centimètres cubes d'eau, 2 grammes de sulfate de cuivre et 1 gramme de chlorure de sodium (sel marin) ; dans cette solution on ajoute goutte à goutte de l'ammoniaque jusqu'à dissolution du précipité formé par les premières gouttes d'ammoniaque (il en faut de 5 à 6 centimètres cubes) ; 2° une solution d'hyposulfite de sodium à 1 °/₀ (1 gramme dans 100 centimètres cubes d'eau).

Le cliché à affaiblir, préalablement bien lavé, est plongé dans le bain obtenu en ajoutant à 100 centimètres cubes d'eau, 10 centimètres cubes d'eau céleste et 10 centimètres cubes de la solution d'hyposulfite ; il faut avoir soin de ne faire

le mélange qu'au moment de l'emploi et de le
jeter après usage. L'image diminue progressivement d'intensité dans ce bain ; lorsque, par transparence, on juge le cliché suffisamment affaibli,
on le retire et on le lave soigneusement à l'eau
avant de le mettre à sécher.

II. AFFAIBLISSEMENT DE CLICHÉS HEURTÉS ET TROP VIGOUREUX

86. Théorie. — « Ce défaut se présente, dit
M. A. de la Baume-Pluvinel (¹), quand l'action de
la lumière a été trop faible et que, pour faire
apparaître les demi-teintes, on a dû prolonger
outre mesure le développement. Dans ce cas, il
faut réduire seulement les grands noirs de l'image
et laisser intactes, les faibles ombres. Si l'on
applique un procédé d'affaiblissement basé sur
la dissolution de l'argent, on affaiblira bien le
cliché, mais le résultat final ne sera jamais satis-
faisant. En effet, l'image des faibles ombres est
formée seulement à la surface du cliché (p. 165)
et comme le bain faiblissant agit progressivement
au fur et à mesure qu'il pénètre dans la couche
de gélatine, il pourra faire disparaître entièrement des faibles demi-teintes telles que A et B

(¹) A. DE LA BAUME-PLUVINEL. — *Le développement
de l'image latente.*

(p. 168) avant d'avoir agi suffisamment sur un grand noir tel que C.

« En tout cas, pour que le bain affaiblissant agisse aussi également que possible sur toute l'image, il faut, ainsi que nous l'avons déjà fait remarquer, que son action soit très faible. Mais, malgré le soin que l'on apportera à l'opération, on fera toujours disparaître quelques-uns des faibles détails de l'image et on n'atténuera qu'imparfaitement les contrastes des différentes parties du cliché (1).

« Un procédé qui donnerait un meilleur résultat consisterait à retourner la couche de gélatine et à faire agir un bain affaiblissant énergique sur l'envers de la couche. On réduirait ainsi seulement les grands noirs de l'image.

« On pourrait aussi atténuer les contrastes d'un cliché en l'affaiblissant avec une substance qui agirait à la manière des renforçateurs et qui aurait pour effet de substituer à chacune des molécules d'argent de l'image, une ou plusieurs molécules d'un composé moins opaque. Le rapport des transparences de deux des éléments du cliché serait alors, après l'affaiblissement

$$\left(\frac{T_1}{T_2}\right)^{m}$$

---

(1) *Bulletin de la Société française de Photographie*, 15 août 1898, p. 394.

et comme, dans ce cas, m est plus petit que l'unité, ce rapport serait plus petit que le rapport

$$\frac{T_1}{T_2}$$

des transparences avant l'affaiblissement ».

C'est ce que l'on peut faire en virant l'image au ferrocyanure ferrique (¹).

« Enfin, le Dr Eder recommande de traiter les clichés trop vigoureux de la manière suivante : on convertit toutes les molécules d'argent de l'image en chlorure d'argent, puis on plonge le cliché dans un bain révélateur qui réduit ce chlorure d'argent à l'état d'argent métallique et développe à nouveau l'image. Le révélateur, pénétrant graduellement dans la couche de gélatine, agit d'abord à sa surface, puis sur les couches inférieures ; si l'on arrête son action lorsqu'il a agi jusqu'au niveau bb' (p. 168), il aura développé à fond les demi-teintes A et B et seulement partiellement le grand noir C. En fixant ensuite le cliché, on dissoudra le chlorure d'argent non réduit de la partie C et on obtiendra une image présentant moins de contraste entre A et C, ou B et C, que n'en présentait l'image primitive ».

Comme on le voit, l'affaiblissement, dans ce

____

(¹) G. H. Niewenglowki. — *Chimie des Manipulations photographiques* II. *Photocopies positives* (Un volume de l'Encyclopédie scientifique des Aide-Mémoire).

second cas, est assez délicat. Fort heureusement,
MM. A. et L. Lumière et Seyewetz ont tout récemment montré que le persulfate d'ammonium
en solution aqueuse était alors très avantageusement utilisé. Cette découverte étant du plus
grand intérêt pour la technique photographique,
nous reproduisons *in extenso* leur communication à ce sujet :

87. — « La technique photographique ne pos-
sède pas, jusqu'ici, de procédé permettant d'affaiblir directement un phototype dur, manquant de
pose et trop développé, par exemple, sans détruire ou tout au moins atténuer les demi-teintes
qui correspondent aux parties sombres de l'objet
photographié.

Les négatifs présentant cette défectuosité d'être,
en même temps, trop peu posés, et trop poussés
au développement ne pouvaient donc, jusqu'ici,
être améliorés.

En effet, les substances utilisées jusqu'ici pour
affaiblir les clichés, telles que les mélanges de
ferricyanure de potassium et d'hyposulfite de
soude, agissent sur l'argent qui forme l'image en
le dissolvant graduellement, à partir de la surface
jusqu'au fond de la couche de gélatine. On sait,
d'autre part, que l'image photographique est
constituée par de l'argent réduit sous des épais-
seurs d'autant plus grandes que l'action de la lu·
mière a été plus intense ; la réduction du sel

haloïde d'argent par le développateur commence, en effet, par la surface de la couche et s'y étend d'autant plus en profondeur que la région a été plus vivement impressionnée.

Les affaiblisseurs jusqu'ici employés, agissant à partir de la surface, atténuent donc fortement les faibles impressions, tandis qu'il faudrait les respecter.

Nous avons constaté que le persulfate d'ammoniaque $SO^4(AzH^4)$, en solution aqueuse, jouit de la propriété d'affaiblir les clichés en agissant, de préférence, sur les parties les plus opaques, tout en conservant les demi-teintes des ombres qui, par les méthodes en usage, disparaissent les premières.

Ce résultat, *a priori* paradoxal, peut s'expliquer, si l'on admet que le nouvel agent exerce son action depuis le fond de la couche jusqu'à la surface, c'est-à-dire en sens inverse des substances jusqu'ici utilisées.

Cette hypothèse, qui s'accorde avec les réactions observées, pourrait être développée de la façon suivante :

Le persulfate d'ammoniaque est, comme on le sait, un oxydant énergique. Sous l'influence de l'argent du cliché, il doit probablement donner un sel neutre d'argent et d'ammoniaque, qui est soluble dans l'eau ; la solution, après avoir agi sur l'argent, précipite, du reste, par l'acide chlorhydrique ou les chlorures. La réaction peut vraisemblablement être exprimée par l'équation suivante :

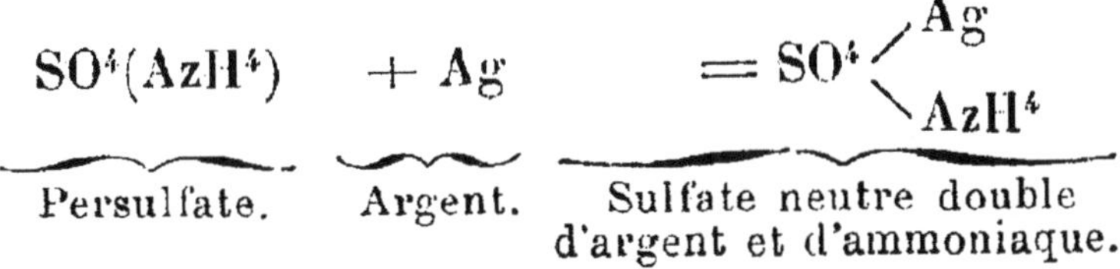

$$SO^4(AzH^4) \quad + Ag \quad = SO^4 \Big\langle {}^{Ag}_{AzH^4}$$

Persulfate.   Argent.   Sulfate neutre double d'argent et d'ammoniaque.

Bien que doué de propriétés oxydantes énergiques, le persulfate d'ammoniaque, de même que l'eau oxygénée, est susceptible de donner lieu à des réactions réductrices. Ainsi, ajouté à une solution de nitrate d'argent, il réduit rapidement l'argent à l'état métallique en même temps qu'il se produit un abondant dégagement d'oxygène. Nous croyons que l'on peut exprimer cette réaction par l'équation suivante :

$$2(SO^4AzH^4) + 2(H^2O) + 2(AgAzO^3)$$
$$= 2(SO^4HAzH^4) + 2(AzO^3H) + Ag^2 + O^2.$$

Grâce à cette dernière réaction, il nous sera possible d'expliquer d'une façon rationnelle le mode d'action curieux du persulfate d'ammoniaque sur les couches de gélatine renfermant l'argent de l'image.

Quand on plonge le cliché dans la solution de persulfate, celle-ci pénètre rapidement dans l'intérieur de la couche de gélatine et se trouve au contact de l'argent. Il se forme une petite quantité du sel double argentique qui se diffuse dans l'excès de solution de persulfate d'ammoniaque dans laquelle baigne la plaque. Celle-ci, en présence du sel soluble d'argent formé, tend à donner de l'argent réduit. Mais cette réaction inverse se produit surtout extérieurement à la couche de gélatine, puisque c'est là que se trouve l'excès du persulfate nécessaire pour la réduction, et doit aller en s'atténuant depuis la surface jusqu'au fond de la couche. C'est vraisemblablement cette réaction inverse qui tend à ralentir, extérieurement surtout, la dissolution de l'argent dans le persulfate d'ammoniaque. C'est pourquoi il n'est pas possible, avec ce réactif, d'atténuer, même faiblement, les voiles de surexposition qui, on le sait, sont constitués par de l'argent réduit exclusivement à la surface de la couche de gélatine ».

88. Pratique. — « Nous avons reconnu que le persulfate d'ammoniaque agit le mieux en solution à 5 %. En solution plus ou moins concentrée, son mode d'action présente toujours les mêmes caractères, mais il est simplement plus rapide ou plus lent et conduit toujours au même résultat final. Si la teneur de la solution dépasse 5 %, la gélatine peut être altérée. Il ne faut donc pas dépasser cette teneur dans la pratique, pour le cas où l'on voudrait une action très rapide.

L'action du persulfate d'ammoniaque peut

s'exercer sur le cliché après un lavage à l'eau très sommaire après le fixage, pour enlever la majeure partie de l'hyposulfite de soude, mais alors il faut rejeter, après quelques minutes d'immersion, le premier bain dans lequel a été plongé l'épreuve, et le remplacer par un bain neuf, car le persulfate oxyde l'hyposulfite de soude, le transforme en bisulfite et ce n'est que lorsque cette réaction est achevée que l'argent se dissout.

Il est donc préférable, pour ne pas user inutilement du persulfate d'ammoniaque, d'éliminer complètement l'hyposulfite de soude du cliché par lavage, avant de l'affaiblir. En sortant le cliché de la solution de persulfate, on remarque que l'action de ce corps se continue encore un peu en dehors du bain et, si l'on ne lave pas tout de suite le cliché très abondamment, l'action affaiblissante peut aller un peu plus loin qu'on ne le voudrait.

On peut éviter facilement cet accident, soit en arrêtant l'opération lorsque l'épreuve n'a pas encore atteint le degré d'affaiblissement que l'on désire obtenir, soit en plongeant immédiatement l'épreuve, à sa sortie du bain de persulfate, dans une solution de sulfite ou de bisulfite de soude à 10 % pendant quelques minutes. Ces corps transforment le persulfate d'ammoniaque en sulfate qui est alors sans action sur l'argent du cliché.

On termine l'opération en éliminant les sels solubles qui restent dans la couche par un lavage sommaire. Nous ferons observer que l'affaiblissement est plus rapide lorsque la gélatine du cliché est gonflée que si elle est sèche, ce qui confirme, du reste, le mode d'action du réactif. En outre, l'intensité de l'image, après avoir été diminuée, peut de nouveau être augmentée par les procédés de renforcement habituels : bichlorure de mercure et ammoniaque, par exemple.

Conclusions. — En résumé, il deviendra possible, par l'emploi du persulfate d'ammoniaque; de tirer parti le plus complètement possible des clichés manquant de pose, en poussant le développement à fond, sans se préoccuper de la dureté de l'épreuve obtenue de façon à faire venir le maximum de détails, puis on baissera le cliché dans la solution de persulfate d'ammoniaque, en arrêtant l'action au moment convenable.

On pourra enfin corriger les effets d'un développement trop poussé dans le cas d'une exposition normale, résultats qu'aucun affaiblisseur connu ne pouvait donner jusqu'ici ».

Quant à la méthode du Dr Eder, elle est aisément mise en pratique : il suffit de plonger le cliché dans un bain chlorurant : chlorure ferrique, chlorure cuivrique....

Le Dr Eder recommande la solution suivante:

Eau 100
Bichromate de potasse 1
Acide chlorhydrique 1

Lorsque tout l'argent de l'image est transformé en chlorure, on lave à fond et on développe à nouveau, à l'oxalate ferreux. On arrête l'opération en temps utile, on lave abondamment, on passe dans un bain de fixage ; on lave de nouveau à fond et on laisse sécher.

III. CLICHÉ TROP OPAQUE, VOILÉ

89. — Si l'excès d'opacité du cliché est dû à un voile *formé à sa surface*, on le trempera à *l'état sec* dans un bain faiblisseur énergique tel que :

Solution de ferricyanure de potassium à 5 % 20 à 50^cc
Solution d'hyposulfite de soude à 15 %. 100^cc

L'immersion dans ce bain ne devra durer que quelques secondes.

On pourra aussi employer l'un des mélanges bichromate et acide chlorhydrique ou bichromate et acide sulfurique préconisés per Eder.

Il arrivera souvent que, le voile enlevé, l'image paraîtra grise et manquera d'intensité. En ce cas, comme nous l'avons déjà dit, on la renforcera après l'avoir affaiblie.

TABLE DES MATIÈRES

—

—

Nota — On trouvera la bibliographie dans le volume : *Chimie des Manipulations photographiques.* II. *Photocopies positives.*

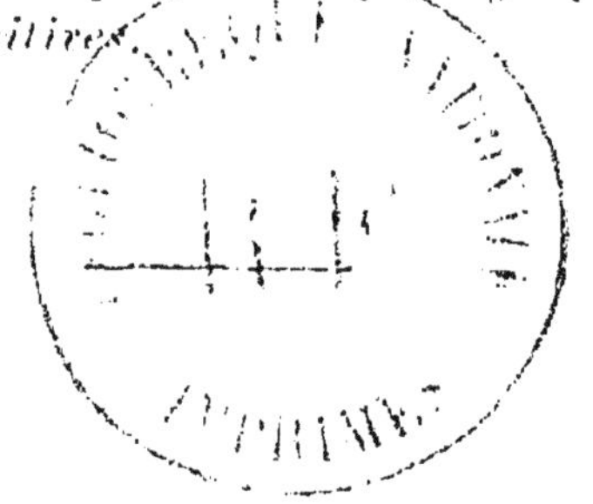

MASSON & Cie, Éditeurs

LIBRAIRES DE L'ACADÉMIE DE MÉDECINE

120, Boulevard Saint-Germain, Paris

P. n° 143.

EXTRAIT DU CATALOGUE
(Avril 1899)

<u>**VIENT DE PARAITRE**</u>

Traité élémentaire

DE

Clinique Thérapeutique

Par le Dr Gaston LYON

Ancien chef de clinique médicale à la Faculté de médecine de Paris

---

TROISIÈME ÉDITION REVUE ET AUGMENTÉE

1 volume grand in-8° de VIII-1332 pages. Relié peau. **20 fr.**

La seconde édition de ce livre a reçu du public médical le même accueil favorable que la première. Nous trouvant par suite dans l'obligation agréable de préparer une troisième édition, nous avons considéré comme un devoir strict d'y apporter tous nos soins et de justifier ainsi la faveur soutenue dont notre ouvrage a été l'objet.

En raison du court espace de temps qui s'est écoulé entre la seconde édition et la présente, nous n'avions pas à enregistrer des progrès bien notables dans le domaine de la thérapeutique. Cependant, quelques médications nouvelles ont dû être mentionnées : notamment, le traitement sérothérapique de la peste, les différentes applications de l'opothérapie qui se sont multipliées depuis peu de temps, le traitement des cardiopathies par les agents physiques, les traitements chirurgicaux d'affections considérées jusque-là comme relevant exclusivement de la thérapeutique médicale (angiocholites infectieuses, ulcère de l'estomac, sténoses gastriques, etc.....)

D'autre part, un certain nombre de chapitres nouveaux ont été ajoutés, avec tous les développements que comporte leur importance : citons notamment ceux consacrés aux cardiopathies infantiles, aux sténoses du pylore, aux angiocholites infectieuses, aux péritonites aiguës, aux méningo-myélites aiguës, aux poliomyélites, à la peste, etc.....

Le chapitre consacré aux dyspepsies a été réécrit en entier. Tous les autres chapitres de notre ouvrage ont été l'objet de modifications de détails : quelques-uns même ont été presque entièrement refondus (blennorragie, syphilis, neurasthénie, infections gastro-intestinales infantiles, etc.).

Sur la demande d'un grand nombre de nos lecteurs, une table alphabétique a été ajoutée, qui facilitera les recherches.

Le rôle du médecin change en même temps que se modifient les médications. La mise en œuvre des soins antiseptiques, l'emploi des injections de sérum, tout cela fait que le rôle actif du médecin grandit sans cesse. Nous avons tenu, dans cette édition, à insister sur les détails de direction des traitements, en un mot, à justifier, mieux encore que par le passé, notre titre de *Traité de clinique thérapeutique*.

Traité de Chirurgie

PUBLIÉ SOUS LA DIRECTION DE MM.

Simon DUPLAY	**Paul RECLUS**
Professeur à la Faculté de médecine	Professeur agrégé à la Faculté de médecine
Chirurgien de l'Hôtel-Dieu	Chirurgien des hôpitaux
Membre de l'Académie de médecine	Membre de l'Académie de médecine

PAR MM.

BERGER, BROCA, DELBET, DELENS, DEMOULIN, J.-L. FAURE, FORGUE
GÉRARD MARCHANT, HARTMANN, HEYDENREICH, JALAGUIER, KIRMISSON
LAGRANGE, LEJARS, MICHAUX, NÉLATON, PEYROT
PONCET, QUÉNU, RICARD, RIEFFEL, SEGOND, TUFFIER, WALTHER

DEUXIÈME ÉDITION ENTIÈREMENT REFONDUE

8 vol. gr. in-8" avec nombreuses figures dans le texte. En souscription . . **150 fr.**

TOME I. — *1 vol. grand in-8° avec 218 figures* . . . . . . **18 fr.**

RECLUS. — Inflammations, traumatismes, maladies virulentes.
BROCA. — Peau et tissu cellulaire sous-cutané.

QUÉNU. — Des tumeurs.
LEJARS. — Lymphatiques, muscles, synoviales tendineuses et bourses séreuses.

TOME II. — *1 vol. grand in-8° avec 361 figures* . . . . . **18 fr.**

LEJARS. — Nerfs.

MICHAUX. — Artères.

QUÉNU. — Maladies des veines.

RICARD et DEMOULIN. — Lésions traumatiques des os.
PONCET. — Affections non traumatiques des os.

TOME III. — *1 vol. grand in-8° avec 285 figures* . . . . . **18 fr.**

NÉLATON. — Traumatismes, entorses, luxations, plaies articulaires.
QUÉNU. — Arthropathies, arthrites sèches, corps étrangers articulaires.

LAGRANGE. — Arthrites infectieuses et inflammatoires.
GÉRARD MARCHANT. — Crâne.
KIRMISSON. — Rachis.
S. DUPLAY. — Oreilles et annexes.

TOME IV. — *1 vol. grand in-8° avec 354 figures* . . . . . **18 fr.**

DELENS. — L'œil et ses annexes.
GÉRARD MARCHANT. — Nez, fosses

nasales, pharynx nasal et sinus.
HEYDENREICH. — Mâchoires.

TOME V. — *1 vol. grand in-8° avec 187 figures* . . . . . . **20 fr.**

BROCA. — Face et cou. Lèvres, cavité buccale, gencives, palais, langue, larynx, corps thyroïde.
HARTMANN. — Plancher buccal, glan-

des salivaires, œsophage et pharynx.
WALTHER. — Maladies du cou.
PEYROT. — Poitrine.
PIERRE DELBET. — Mamelle.

TOME VI. — *1 vol. grand in-8° avec 218 figures* . . . . . **20 fr.**

MICHAUX. — Parois de l'abdomen.
BERGER. — Hernies.
JALAGUIER. — Contusions et plaies de l'abdomen, lésions traumatiques et corps étrangers de l'estomac et de l'intestin. Occlusion intestinale, péritonites, appendicite.

HARTMANN. — Estomac.
FAURE et RIEFFEL. — Rectum et anus.
HARTMANN et GOSSET. — Anus contre nature. Fistules stercorales.
QUÉNU. — Mésentère. Rate. Pancréas.
SEGOND. — Foie.

TOME VII. — *1 fort vol. avec figures dans le texte* (Sous presse).

WALTHER. — Bassin.
TUFFIER. — Rein. Vessie. Uretères. Capsules surrénales.

FORGUE. — Urètre et prostate.
RECLUS. — Organes génitaux de l'homme.

TOME VIII. — *1 fort vol. avec figures dans le texte* (Sous presse).

MICHAUX. — Vulve et vagin.
P. DELBET. — Maladies de l'utérus.
SEGOND. — Annexes de l'utérus,

ovaires, trompes, ligaments larges, péritoine pelvien.
KIRMISSON. — Maladies des membres.

CHARCOT — BOUCHARD — BRISSAUD

BABINSKI, BALLET, P. BLOCQ, BOIX, BRAULT, CHANTEMESSE, CHARRIN, CHAUFFARD, COURTOIS-SUFFIT, DUTIL, GILBERT, GUIGNARD, L. GUINON, HALLION, LAMY, LE GENDRE, MARFAN, MARIE, MATHIEU NETTER, OETTINGER, ANDRÉ PETIT, RICHARDIÈRE, ROGER, RUAULT, SOUQUES, THIBIERGE, THOINOT, FERNAND WIDAL.

Traité de Médecine

DEUXIÈME ÉDITION

PUBLIÉ SOUS LA DIRECTION DE MM.

BOUCHARD

Professeur de pathologie générale
à la Faculté de médecine de Paris,
Membre de l'Institut.

BRISSAUD

Professeur agrégé
à la Faculté de médecine de Paris,
Médecin de l'hôpital Saint-Antoine.

CONDITIONS DE PUBLICATION

Les matières contenues dans la deuxième édition du TRAITÉ DE MÉDECINE seront augmentées d'un cinquième environ. Pour la commodité du lecteur, cette édition formera **dix volumes** *qui paraîtront successivement et à des intervalles rapprochés, de telle façon que l'ouvrage soit complet dans le courant de 1900. Chaque volume sera vendu séparément. Le prix de l'ouvrage est fixé dès à présent pour les souscripteurs jusqu'à la publication du Tome III, à 150 fr.*

TOME Ier

1 vol. gr. in-8º de 815 pages, avec figures dans le texte. **16 fr.**

Les Bactéries, par L. GUIGNARD, membre de l'Institut et de l'Académie de médecine, professeur à l'Ecole de Pharmacie de Paris. — **Pathologie générale infectieuse,** par A. CHARRIN, professeur remplaçant au Collège de France, directeur de laboratoire de médecine expérimentale, médecin des hôpitaux. — **Troubles et maladies de la Nutrition,** par PAUL LE GENDRE, médecin de l'hôpital Tenon. — **Maladies infectieuses communes à l'homme et aux animaux,** par G.-H. ROGER, professeur agrégé, médecin de l'hôpital de la Porte-d'Aubervilliers.

TOME II   *VIENT DE PARAITRE*

1 vol. grand in-8º de 894 pages avec figures dans le texte. **16 fr.**

Fièvre typhoïde, par A. CHANTEMESSE, professeur à la Faculté de médecine de Paris, médecin des hôpitaux. — **Maladies infectieuses,** par F. WIDAL, professeur agrégé, médecin des hôpitaux de Paris. — **Typhus exanthématique,** par L.-H. THOINOT, professeur agrégé, médecin des hôpitaux de Paris. — **Fièvres éruptives,** par L. GUINON, médecin des hôpitaux de Paris. — **Erysipèle,** par E. BOIX, chef de laboratoire à la Faculté. — **Diphtérie,** par A. RUAULT. — **Rhumatisme,** par OETTINGER, médecin des hôpitaux de Paris. — **Scorbut,** par TOLLEMER, ancien interne des hôpitaux.

TOME III   Pour paraître en mai

1 vol. grand in-8º avec figures dans le texte.

Maladies cutanées, par G. THIBIERGE, médecin de l'hôpital de la Pitié. — **Maladies vénériennes,** par G. THIBIERGE. — **Pathologie du sang,** par A. GILBERT, professeur agrégé, médecin des hôpitaux de Paris. — **Intoxications,** par A. RICHARDIÈRE, médecin des hôpitaux de Paris.

Traité des
Maladies de l'Enfance

PUBLIÉ SOUS LA DIRECTION DE MM.

J. GRANCHER
Professeur à la Faculté de médecine de Paris.
Membre de l'Académie de médecine, médecin de l'hôpital des Enfants-Malades.

J. COMBY
Médecin
de l'hôpital des Enfants-Malades.

A.-B. MARFAN
Agrégé.
Médecin des hôpitaux.

5 vol. grand in-8° avec figures dans le texte. . **90** fr.

DIVISIONS DE L'OUVRAGE

TOME I. — *1 vol. in-8° de* XVI-816 *pages avec fig. dans le texte.* **18** fr.
Physiologie et hygiène de l'enfance. — Considérations thérapeutiques sur les maladies de l'enfance. — Maladies infectieuses.

TOME II. — *1 vol. in-8° de* 818 *pages avec fig. dans le texte.* **18** fr.
Maladies générales de la nutrition. — Maladies du tube digestif.

TOME III. — *1 vol. de* 950 *pages avec figures dans le texte.* **20** fr.
Abdomen et annexes. — Appareil circulatoire. — Nez, larynx et annexes.

TOME IV. — *1 vol. de* 880 *pages avec figures dans le texte.* **18** *fr.*
Maladies des bronches, du poumon, des plèvres, du médiastin. — Maladies du système nerveux.

TOME V. — *1 vol. de* 890 *pages avec figures dans le texte.* **18** fr.
Organes des sens. — Maladies de la peau. — Maladies du fœtus et du nouveau-né. — Maladies chirurgicales des os, articulations, etc. — *Table alphabétique des matières des 5 volumes.*

CHAQUE VOLUME EST VENDU SÉPARÉMENT

Traité de Thérapeutique chirurgicale

PAR

Emile FORGUE
Professeur de clinique chirurgicale
à la Faculté de médecine de Montpellier.
Membre correspondant
de la Société de Chirurgie.
Chirurgien en chef de l'hôpital St-Éloi.
Médecin major hors cadre.

Paul RECLUS
Professeur agrégé
à la Faculté de médecine de Paris.
Chirurgien de l'hôpital Laënnec.
Secrétaire général
de la Société de Chirurgie.
Membre de l'Académie de médecine.

DEUXIÈME ÉDITION ENTIÈREMENT REFONDUE
AVEC 472 FIGURES DANS LE TEXTE

2 volumes grand in-8° de 2116 *pages* . . . . **34** fr.

Bibliothèque

d'Hygiène thérapeutique

DIRIGÉE PAR

Le Professeur PROUST

Membre de l'Académie de médecine, Médecin de l'Hôtel-Dieu,
Inspecteur général des Services sanitaires.

*Chaque ouvrage forme un volume in-16, cartonné toile, tranches rouges
et est vendu séparément : 4 fr.*

Chacun des volumes de cette collection n'est consacré qu'à une seule maladie
ou à un seul groupe de maladies. Grâce à leur format, ils sont d'un maniement
commode. D'un autre côté, en accordant un volume spécial à chacun des grands
sujets d'hygiène thérapeutique, il a été facile de donner à leur développement
toute l'étendue nécessaire.

L'hygiène thérapeutique s'appuie directement sur la pathogénie ; elle doit en
être la conclusion logique et naturelle. La genèse des maladies sera donc étudiée
tout d'abord. On se préoccupera moins d'être absolument complet que d'être
clair. On ne cherchera pas à tracer un historique savant, à faire preuve de
brillante érudition, à encombrer le texte de citations bibliographiques. On s'ef-
forcera de n'exposer que les données importantes de pathogénie et d'hygiène
thérapeutique et à les mettre en lumière.

VOLUMES PARUS

L'Hygiène du Goutteux, par le professeur PROUST et A. MATHIEU, médecin
de l'hôpital Andral.

L'Hygiène de l'Obèse, par le professeur PROUST et A. MATHIEU, médecin de
l'hôpital Andral.

L'Hygiène des Asthmatiques, par E. BRISSAUD, professeur agrégé, médecin de l'hôpital Saint-Antoine.

L'Hygiène du Syphilitique, par H. BOURGES, préparateur au laboratoire
d'hygiène de la Faculté de médecine.

Hygiène et thérapeutique thermales, par G. DELFAU, ancien interne des
hôpitaux de Paris.

Les Cures thermales, par G. DELFAU, ancien interne des Hôpitaux de Paris.

L'Hygiène du Neurasthénique, par le professeur PROUST et G. BALLET,
professeur agrégé, médecin des hôpitaux de Paris.

L'Hygiène des Albuminuriques, par le Dr SPRINGER, ancien interne des
hôpitaux de Paris, chef de laboratoire de la Faculté de médecine à la Clinique
médicale de l'hôpital de la Charité.

L'Hygiène du Tuberculeux, par le Dr CUIIQUET, ancien interne des hôpitaux
de Paris, avec une introduction du Dr DAREMBERG, membre correspondant de
l'Académie de médecine.

Hygiène et thérapeutique des maladies de la Bouche, par le Dr CRUET,
dentiste des hôpitaux de Paris, avec une préface de M. le professeur LANNE-
LONGUE, membre de l'Institut.

Hygiène des maladies du Cœur, par le Dr VAQUEZ, médecin des hôpitaux de Paris.

Hygiène du Diabétique, par A. PROUST et A. MATHIEU.

VOLUMES EN PRÉPARATION

L'Hygiène des Dyspeptiques, par le Dr LINOSSIER.

Hygiène thérapeutique des maladies de la peau, par le Dr THIBIERGE

L'ŒUVRE MÉDICO-CHIRURGICAL
Dr CRITZMAN, directeur

Suite de Monographies cliniques

SUR LES QUESTIONS NOUVELLES

en Médecine, en Chirurgie et en Biologie

La science médicale réalise journellement des progrès incessants : les questions et découvertes vieillissent pour ainsi dire au moment même de leur éclosion. Les traités de médecine et de chirurgie, quelque rapides que soient leurs différentes éditions, auront toujours grand'peine à se tenir au courant.

C'est pour obvier à ce grave inconvénient, auquel les journaux, malgré la diversité de leurs matières, ne sauraient remédier, que nous avons fondé, avec le concours des savants et des praticiens les plus autorisés, un recueil de Monographies dont le titre général, *l'Œuvre médico-chirurgical*, nous paraît bien indiquer le but et la portée.

Nous publions, aussi souvent qu'il est nécessaire, des fascicules de 30 à 40 pages dont chacun résume et met au point une question médicale à l'ordre du jour, et cela de telle sorte qu'aucune ne puisse être omise au moment opportun.

CONDITIONS DE LA PUBLICATION

Chaque monographie est vendue séparément . . . . . . **1** *fr.* **25**

Il est accepté des abonnements pour une série de 10 Monographies au prix à forfait et payable d'avance de **10** francs pour la France et **12** francs pour l'étranger (port compris).

MONOGRAPHIES PUBLIÉES

N° 1. **L'Appendicite**, par le Dr FÉLIX LEGUEU, chirurgien des hôpitaux.

N° 2. **Le Traitement du mal de Pott**, par le Dr A. CHIPAULT, de Paris.

N° 3. **Le Lavage du Sang**, par le Dr LEJARS, professeur agrégé, chirurgien des hôpitaux, membre de la Société de chirurgie.

N° 4. **L'Hérédité normale et pathologique**, par le Dr CH. DEBIERRE, professeur d'anatomie à l'Université de Lille.

N° 5. **L'Alcoolisme**, par le Dr JAQUET, privat-docent à l'Université de Bâle.

N° 6. **Physiologie et pathologie des sécrétions gastriques**, par le Dr A. VERHAEGEN, assistant à la Clinique médicale de Louvain.

N° 7. **L'Eczéma**, par le Dr LEREDDE, chef de laboratoire, assistant de consultation à l'hôpital Saint-Louis.

N° 8. **La Fièvre jaune**, par le Dr SANARELLI, directeur de l'Institut d'hygiène expérimentale de Montévidéo.

N° 9. **La Tuberculose du rein**, par le Dr TUFFIER, professeur agrégé, chirurgien de l'hôpital de la Pitié.

N° 10. **L'Opothérapie. Traitement de certaines maladies par des extraits d'organes animaux**, par A. GILBERT, professeur agrégé, chef du laboratoire de thérapeutique à la Faculté de médecine de Paris, et P. CARNOT, docteur ès sciences, ancien interne des hôpitaux de Paris.

N° 11. **Les Paralysies générales progressives**, par le Dr KLIPPEL, médecin des hôpitaux de Paris.

N° 12. **Le Myxœdème**, par le Dr THIBIERGE, médecin de l'hôpital de la Pitié.

N° 13. **La Néphrite des Saturnins**, par le Dr H. LAVRAND, professeur à la Faculté catholique de Lille.

N° 14. **Le Traitement de la Syphilis**, par le Dr E. GAUCHER, professeur agrégé, médecin de l'hôpital Saint-Antoine.

N° 15. **Le Pronostic des tumeurs basé sur la recherche du glycogène**, par le Dr A. BRAULT, médecin de l'hôpital Tenon.

N° 16. **La Kinésithérapie gynécologique** (*Traitement des maladies des femmes par le massage et la gymnastique*), par le Dr H. STAPFER, ancien chef de clinique de la Faculté de Paris.

Les maladies microbiennes des Animaux, par
Ed. NOCARD, professeur à l'École d'Alfort, membre de l'Académie de médecine, et E. LECLAINCHE, professeur à l'École vétérinaire de Toulouse. *Deuxième édition, entièrement refondue.* 1 fort volume grand in-8° . . . . **16** fr.

Traité des maladies chirurgicales d'origine congénitale, par le Dr E. KIRMISSON, professeur agrégé à la Faculté de médecine, chirurgien de l'Hôpital Trousseau, membre de la Société de Chirurgie. 1 volume grand in-8° avec 311 figures dans le texte et 2 planches en couleurs. . . . . **15** fr.

Recherches anatomiques et cliniques sur le glaucome et les néoplasmes intra-oculaires, par Ph. PANAS, professeur de clinique ophtalmologique à la Faculté de médecine, chirurgien de l'Hôtel-Dieu, membre de l'Académie de médecine, et le Dr ROCHON-DUVIGNEAUD, ancien chef de clinique de la Faculté. 1 volume in-8° avec 41 figures dans le texte . . . . **7** fr.

Traité d'Ophtalmoscopie, par Étienne ROLLET, professeur agrégé à la Faculté de médecine, chirurgien des hôpitaux de Lyon. 1 volume in-8° avec 56 photographies en couleurs et 75 figures dans le texte, cartonné toile, tranches rouges. . . . . . **9** fr.

Cliniques chirurgicales de l'Hôtel-Dieu, par
Simon DUPLAY, professeur de clinique chirurgicale à la Faculté de médecine de Paris, membre de l'Académie de médecine, chirurgien de l'Hôtel-Dieu, recueillies et publiées par les Drs Maurice CAZIN, chef de clinique chirurgicale à l'Hôtel-Dieu, et S. CLADO, chef des travaux gynécologiques. *Deuxième série.* 1 volume grand in-8° avec figures . . . . **8** fr.

Consultations médicales sur quelques maladies fréquentes. *Quatrième édition, revue et considérablement augmentée,* suivie de quelques principes de Déontologie médicale et précédée de quelques règles pour l'examen des malades, par le Dr J. GRASSET, professeur de clinique médicale à l'Université de Montpellier, correspondant de l'Académie de médecine. 1 volume in-16, reliure souple, peau pleine. . . . . **4** fr. **50**

Chirurgie opératoire de l'Oreille moyenne, par
A. BROCA, chirurgien de l'hôpital Trousseau, professeur agrégé à la Faculté de médecine de Paris. 1 volume in-8° avec 98 figures dans le texte . . . . **3** fr. **50**

BRISEAUD (E.), professeur agrégé à la Faculté de médecine de Paris, médecin de l'hôpital Saint-Antoine.

> **Leçons sur les maladies nerveuses;** *deuxième série; hôpital Saint-Antoine,* recueillies par Henry MEIGE. 1 vol. gr. in-8° avec 165 figures dans le texte . . . . **15 fr.**

DIEULAFOY (G.), professeur de clinique médicale à la Faculté de médecine de Paris, médecin de l'Hôtel-Dieu, membre de l'Académie de médecine.

> **Clinique médicale de l'Hôtel-Dieu** (1896-1897). 1 vol. grand in-8°, avec figures dans le texte et 1 planche hors texte . . . . **10 fr.**

> **Clinique médicale de l'Hôtel-Dieu** (1897-1898). 1 vol. grand in-8°, avec figures dans le texte. . . . . . **10 fr.**

PONCET (A.), professeur de clinique chirurgicale à la Faculté de médecine de Lyon, chirurgien en chef de l'Hôtel-Dieu, et **L. BERARD**, chef de clinique à la Faculté de médecine de Lyon, ancien interne des hôpitaux.

> **Traité clinique de l'actinomycose humaine, des pseudo-actinomycoses et de la botryomycose.** 1 vol. in-8°, avec 45 figures dans le texte et 4 planches hors texte en couleurs. . . . . **12 fr.**

CHARRIN (A.), professeur remplaçant au Collège de France, directeur du laboratoire de médecine expérimentale (Hautes-Études), ancien vice-président de la Société de Biologie, médecin des hôpitaux.

> **Les défenses naturelles de l'organisme ;** *leçons professées au Collège de France.* 1 vol. in-8°. . . . . **6 fr.**

PANAS (Ph.), professeur de clinique ophtalmologique à la Faculté de médecine de Paris, chirurgien de l'Hôtel-Dieu, membre de l'Académie de médecine.

> **Leçons de clinique ophtalmologique** professées à l'Hôtel-Dieu, recueillies et publiées par le Dr A. CASTAN, de Béziers. 1 vol. in-8° avec figures dans le texte . . . . **5 fr.**

FLOQUET (Dr Ch.), licencié en droit, médecin en chef du Palais de Justice et du Tribunal de Commerce de Paris.

> **Code pratique des honoraires médicaux,** ouvrage indispensable aux Médecins, Sages-Femmes, Chirurgiens, Dentistes, Pharmaciens, Étudiants, avec une préface de M. BROUARDEL, doyen de la Faculté de médecine de Paris. 2 vol. petit in-8° . . . . **10 fr.**

Traité d'Anatomie Humaine

PUBLIÉ SOUS LA DIRECTION DE

P. POIRIER	**A. CHARPY**
Professeur agrégé	Professeur d'anatomie
à la Faculté de Médecine de Paris	à la Faculté de Médecine
Chirurgien des Hôpitaux.	de Toulouse.

PAR MM.

A. CHARPY	**A. NICOLAS**	**A. PRENANT**
Professeur d'anatomie	Professeur d'anatomie	Professeur d'histologie
à la Faculté de Toulouse.	à la Faculté de Nancy.	à la Faculté de Nancy.
P. POIRIER	**P. JACQUES**	**RIEFFEL**
Professeur agrégé	Professeur agrégé	Chef des travaux anato-
à la Faculté de médecine	à la Faculté de Nancy	miques à la Faculté
de Paris	Chef des travaux	de Médecine de Paris
Chirurgien des hôpitaux.	anatomiques.	Chirurgien des hôpitaux.

M. Poirier s'est associé, pour la direction de cette importante publication, son ami et collaborateur M. le professeur A. Charpy. En réunissant leurs efforts, les deux directeurs pourront hâter l'achèvement de l'ouvrage et le mener à bonne fin dans le courant de l'année 1899.

ÉTAT DE LA PUBLICATION AU 1er AVRIL 1899

TOME PREMIER

Embryologie; Ostéologie; Arthrologie. *Deuxième édition.* Un volume grand in-8° avec 807 figures en noir et en couleurs . . . . . **20 fr.**

TOME DEUXIÈME

1er Fascicule : **Myologie.** Un volume grand in-8° avec 312 figures. **12 fr.**
2e Fascicule : **Angéiologie** (*Cœur et Artères*). Un volume grand in-8° avec 145 figures en noir et en couleurs . . . . **8 fr.**
3e Fascicule : **Angéiologie** (*Capillaires, Veines*). Un volume grand in-8° avec 75 figures en noir et en couleurs . . . . **6 fr.**

TOME TROISIÈME

1er Fascicule : **Système nerveux** (*Méninges, Moelle, Encéphale*). 1 vol. grand in-8° avec 201 figures en noir et en couleurs . . **10 fr.**
2e Fascicule : **Système nerveux** (*Encéphale*). Un vol. grand-in-8° avec 206 figures en noir et en couleurs. . . . . **12 fr.**

TOME QUATRIÈME

1er Fascicule : **Tube digestif.** Un volume grand in-8°, avec 158 figures en noir et en couleurs . . . . **12 fr.**
2e Fascicule : **Appareil respiratoire;** *Larynx, trachée, poumons, plèvres, thyroïde, thymus.* Un volume grand in-8°, avec 124 figures en noir et en couleurs. . . . . **6 fr.**

IL RESTE A PUBLIER :

Un fascicule du tome II (Lymphatiques);
Un fascicule du tome III (Nerfs périphériques. Organes des sens);
Un fascicule du tome IV (Organes génito-urinaires).

PETITE BIBLIOTHÈQUE DE " LA NATURE "

Recettes et Procédés utiles, recueillis par Gaston Tissandier, rédacteur en chef de *la Nature. Neuvième édition.*

Recettes et Procédés utiles. *Deuxième série :* **La Science pratique,** par Gaston Tissandier. *Cinquième édition,* avec figures dans le texte.

Nouvelles Recettes utiles et Appareils pratiques. *Troisième série,* par Gaston Tissandier. *Troisième édition,* avec 91 figures dans le texte.

Recettes et Procédés utiles. *Quatrième série,* par Gaston Tissandier. *Deuxième édition,* avec 38 figures dans le texte.

Recettes et Procédés utiles. *Cinquième série,* par J. Laffargue, secrétaire de la rédaction de *la Nature.* Avec figures dans le texte.

Chacun de ces volumes in-18 est vendu séparément

Broché . . . . 2 fr. 25 | Cartonné toile . . . . 3 fr.

La Physique sans appareils et la Chimie sans laboratoire, par Gaston Tissandier, rédacteur en chef de *la Nature. Septième édition* des *Récréations scientifiques. Ouvrage couronné par l'Académie (Prix Montyon).* Un volume in-8° avec nombreuses figures dans le texte. Broché, **3** fr. Cartonné toile, **4** fr.

Dictionnaire usuel des Sciences médicales

PAR MM.

DECHAMBRE, MATHIAS DUVAL, LEREBOULLET

Membres de l'Académie de médecine.

TROISIÈME ÉDITION, REVUE ET COMPLÉTÉE

1 vol. gr. in-8° de 1.800 pages, avec 450 fig., relié toile. **25** fr.

Ce dictionnaire usuel s'adresse à la fois aux médecins et aux gens du monde. Les premiers y trouveront aisément, à propos de chaque maladie, l'exposé de tout ce qu'il est essentiel de connaître pour assurer, dans les cas difficiles, un diagnostic précis. Les gens du monde se familiariseront avec les noms souvent barbares que l'on donne aux symptômes morbides et aux remèdes employés pour les combattre. En attendant le médecin, ils pourront parer aux premiers accidents, et, en cas d'urgence, assurer les premiers secours.

Traité
des Matières colorantes

ORGANIQUES ET ARTIFICIELLES
de leur préparation industrielle et de leurs applications

Par **Léon LEFÈVRE**

Ingénieur (E. I. R.), Préparateur de chimie à l'École Polytechnique.

Préface de **E. GRIMAUX**, *membre de l'Institut.*

2 volumes grand in-8° comprenant ensemble 1.650 pages, reliés toile anglaise, avec 31 gravures dans le texte et 261 échantillons.

Prix des deux volumes : **90 francs.**

Le *Traité des matières colorantes* s'adresse à la fois au monde scientifique par l'étude des travaux réalisés dans cette branche si compliquée de la chimie, et au public industriel par l'exposé des méthodes rationnelles d'emploi des colorants nouveaux. L'auteur a réuni dans des tableaux qui permettent de trouver facilement une couleur quelconque, toutes les couleurs indiquées dans les mémoires et dans les brevets. La partie technique contient, avec l'indication des brevets, les procédés employés pour la fabrication des couleurs, la description et la figure des appareils, ainsi que la description des procédés rationnels d'application des couleurs les plus récentes. Cette partie importante de l'ouvrage est illustrée par un grand nombre d'échantillons teints ou imprimés, *fabriqués spécialement pour l'ouvrage.*

Chimie
des Matières colorantes

PAR

A. SEYEWETZ
Chef des travaux
à l'École de chimie industrielle de Lyon

P. SISLEY
Chimiste - Coloriste

1 *volume grand in-8° de 822 pages* . . . . **30** *fr.*

Les auteurs, dans cette importante publication, se sont proposé de réunir sous la forme la plus rationnelle et la plus condensée tous les éléments pouvant contribuer à *l'enseignement de la chimie des matières colorantes*, qui a pris aujourd'hui une extension si considérable. Cet ouvrage est, par le plan sur lequel il est conçu, d'une utilité incontestable non seulement aux chimistes se destinant soit à la fabrication des matières colorantes, soit à la teinture, mais à tous ceux qui sont désireux de se tenir au courant de ces remarquables industries.

Traité

d'Analyse chimique

QUANTITATIVE PAR ÉLECTROLYSE

PAR

J. RIBAN

Professeur chargé du cours d'analyse chimique
et maître de conférences à la Faculté des sciences de l'Université de Paris.

---

1 vol. grand in-8°, avec 96 figures dans le texte.   **9 fr.**

L'analyse quantitative par électrolyse acquiert chaque jour une plus grande importance dans les laboratoires consacrés à la science ou aux essais industriels. Ses méthodes ont très heureusement simplifié bien des problèmes délicats et introduit dans les dosages ordinaires, tout en conservant l'exactitude indispensable, une grande rapidité d'exécution.

Le livre que l'auteur présente aujourd'hui sur ce sujet n'est que le développement d'une portion du cours d'analyse quantitative qu'il professe depuis bien des années à la Faculté des sciences de l'Université de Paris. Il a pour but, non seulement d'initier le lecteur à l'analyse chimique par électrolyse, mais encore de lui servir de guide dans ses applications journalières.

Tenu au courant des derniers progrès accomplis, il résume l'état actuel de la science sur la question qui en fait l'objet.

Cet ouvrage est divisé en quatre parties :

La première partie est consacrée aux notions préliminaires de physique les plus indispensables au chimiste qui veut aborder avec fruit l'étude et la pratique de l'analyse électrolytique : définitions, généralités, lois, sources d'électricité, appareils de mesure, leur maniement et leur contrôle, appareils d'électrolyse, etc... Ces notions, exposées en vue de la pratique, sont mises sous une forme élémentaire à la portée de tous.

La deuxième partie traite du dosage individuel des métaux et des métalloïdes par électrolyse.

La troisième, de la séparation des métaux par le même moyen.

La quatrième, enfin, n'est qu'un recueil d'exemples et de marches à suivre dans les analyses complexes en général, et plus particulièrement dans les analyses des produits industriels et des minerais.

De nombreux tableaux numériques, pour les mesures ou les calculs relatifs à l'électrolyse, terminent l'ouvrage.

Manuel pratique
de l'Analyse des Alcools
ET DES SPIRITUEUX

PAR

Charles GIRARD
Directeur du Laboratoire municipal
de la Ville de Paris.

Lucien CUNIASSE
Chimiste-expert
de la Ville de Paris.

1 volume in-8° avec figures et tableaux dans le texte. Relié toile.

Ce nouveau manuel pratique de l'analyse des alcools et des spiritueux forme un recueil dans lequel les nombreux procédés analytiques qui intéressent les produits alcooliques se trouvent condensés sous une forme brève et exacte, dans le but d'éviter les recherches au chimiste praticien.

Au début du livre, les auteurs divulguent les secrets de la dégustation ; ils passent ensuite en revue les différentes méthodes et les appareils proposés pour le dosage direct de l'alcool. La méthode de distillation est décrite avec soins, en indiquant les précautions à prendre afin d'éviter les causes d'erreurs et d'unifier les résultats obtenus. De nombreuses tables très complètes accompagnent les différents chapitres. Les méthodes d'analyse des spiritueux sont exposées de façon à pouvoir être mises en œuvre pratiquement, et presque sans raisonnement ; ces méthodes sont données avec les dernières modifications qui ont pu leur être apportées. Des tables et des courbes inédites, rigoureusement exactes, accompagnent les méthodes. Enfin des tableaux représentant les résultats de l'analyse d'un grand nombre d'échantillons de spiritueux terminent l'ouvrage.

Cent vingt Exercices
de Chimie pratique

**Décrits d'après les textes originaux et les notes de laboratoire
et choisis pour former les chimistes**

PAR

Armand GAUTIER
Membre de l'Institut,
Professeur à la Faculté de médecine.

J. ALBAHARY
Doct. Phil. des Laboratoires
de E. Fischer et A. Gautier.

1 volume in-16, avec figures dans le texte. Relié toile. . . . **3 fr.**

Ce petit ouvrage a pour but de former au métier de chimiste ceux qui ont déjà quelque habitude du laboratoire. Il consiste en une suite de préparations, ou exercices, empruntés aux diverses branches de la science. Mais ces exercices, toujours décrits avec détail d'après les textes des auteurs originaux ou la pratique du laboratoire, sont suffisamment précisés pour que l'élève puisse les exécuter pour ainsi dire sans maître, et leur choix est tel qu'il permet d'aborder successivement les sujets les plus intéressants et les plus délicats de la chimie minérale, organique et biologique.

Ce livre est à la fois un guide de laboratoire et un éducateur méthodique. En le suivant pas à pas, un bon étudiant peut facilement, en une année, se former comme chimiste praticien, et prendre une idée très complète des principales synthèses de la chimie, des méthodes qu'elle met en œuvre, et de l'analyse immédiate.

ENCYCLOPÉDIE SCIENTIFIQUE DES AIDE-MÉMOIRE

DIRIGÉE PAR M. LÉAUTÉ, MEMBRE DE L'INSTITUT

Collection de 300 volumes petit in-8 (24 volumes publiés par an)

CHAQUE VOLUME SE VEND SÉPARÉMENT : BROCHÉ, 2 FR. 50; CARTONNÉ, 3 FR.

Ouvrages parus

Section de l'Ingénieur

PICOU. — Distribution de l'électricité. (2 vol.). — Canalisations électriques.

GOUILLY. — Air comprimé ou raréfié. — Géométrie descriptive (3 vol.).

FELSHAUVERS-DERY. — Machine à vapeur. — I. Calorimétrie. — II. Dynamique.

MADAMET. — Tiroirs et distributeurs de vapeur. — Détente variable de la vapeur. — Epures de régulation.

M. DE LA SOURCE. — Analyse des vins.

ALHEILIG. — I. Travail des bois. — II. Corderie. — III Construction et résistance des machines à vapeur

AIMÉ WITZ. — I. Thermodynamique. — II. Les moteurs thermiques.

LINDET. — La bière.

SAUVAGE. — Moteurs à vapeur.

LE CHATELIER. — Le grisou.

DUDEBOUT. — Appareils d'essai des moteurs à vapeur.

CRONEAU. — I. Canon, torpilles et cuirasse. — II. Construction du navire.

H. GAUTIER. — Essais d'or et d'argent.

BERTIN. — État de la marine de guerre.

BERTHELOT. — Calorimétrie chimique.

DE VIARIS. — L'art de chiffrer et déchiffrer les dépêches secrètes.

GUILLAUME. — Unités et étalons.

WIDMANN. — Principes de la machine à vapeur.

MINEL (P.). — Électricité industrielle. (2 vol.). — Électricité appliquée à la marine. — Régularisation des moteurs des machines électriques.

HÉBERT. — Boissons falsifiées.

NAUDIN. — Fabrication des vernis.

SINIGAGLIA. — Accidents de chaudières.

VERMAND. — Moteurs à gaz et à pétrole.

BLOCH. — Eau sous pression.

DE MARCHENA. — Machines frigorifiques (2 vol.).

PRUD'HOMME. — Teinture et impression.

SOREL. — I. La rectification de l'alcool. — II. La distillation.

DE BILLY. — Fabrication de la fonte.

HENNEBERT (C¹). — I. La fortification. — II. Les torpilles sèches. — III. Bouches à feu. — IV. Attaque des places. — V. Travaux de campagne. — VI. Communications militaires.

CASPARI. — Chronomètres de marine.

Section du Biologiste

FAISANS. — Maladies des organes respiratoires.

MAGNAN et SÉRIEUX. — I. Le délire chronique. — II. La paralysie générale.

AUVARD. — I Séméiologie génitale. — II. Menstruation et fécondation.

G. WEISS. — Électro-physiologie.

BAZY. — Maladies des voies urinaires. (2 vol.).

TROUSSEAU. — Hygiène de l'œil.

FÉRÉ. — Epilepsie.

LAVERAN. — Paludisme.

POLIN et LABIT. — Aliments suspects.

BERGONIÉ. — Physique du physiologiste et de l'étudiant en médecine.

MÉGNIN. — I. Les acariens parasites. — II. La faune des cadavres.

DEMELIN. — Anatomie obstétricale

TH. SCHLŒSING fils. — Chimie agricole.

CUÉNOT. — I. Les moyens de défense dans la série animale. — II. L'influence du milieu sur les animaux

A. OLIVIER. — L'accouchement normal.

BERGÉ. — Guide de l'étudiant à l'hôpital.

CHARRIN. — Poisons de l'organisme (3 v.)

ROGER. — Physiologie du foie.

BROCQ et JACQUET. — Précis élémentaire de dermatologie (5 vol.).

HANOT. — De l'endocardite aiguë.

DE BRUN. — Maladies des pays chauds. (2 vol.).

BROCA. — Tumeurs blanches des membres chez l'enfant.

DE CAZAL ET CATRIN. — Médecine légale militaire.

LAPERSONNE (DE). — Maladies des paupières.

KŒHLER. — Applications de la photographie aux Sciences naturelles.

BEAUREGARD. — Le microscope.

LESAGE. — Le choléra.

LANNELONGUE. — La tuberculose chirurgicale.

CORNEVIN. — Production du lait.

J. CHATIN. — Anatomie comparée (1 v.)

CASTEX. — Hygiène de la voix.

MERKLEN. — Maladies du cœur.

G. ROCHÉ. — Les grandes pêches maritimes modernes de la France.

OLLIER. — I. Résections sous-périostées. — II. Résections des grandes articulations.

ENCYCLOPÉDIE SCIENTIFIQUE DES AIDE-MÉMOIRE

Ouvrages parus

Section de l'Ingénieur

Louis Jacquet. — La fabrication des eaux-de-vie.

Dudebout et Croneau. — Appareils accessoires des chaudières à vapeur.

C. Bourlet. — Bicycles et bicyclettes.

H. Léauté et A. Bérard. — Transmissions par câbles métalliques.

Hatt. — Les marées.

H. Laurent. — I. Théorie des jeux de hasard. — II. Assurances sur la vie. — III. Opérations financières.

C¹ Vallier. — Balistique (2 vol.). — Pro ectiles Fusées. Cuirasses (2 vol.)

Leloutre. — Le fonctionnement des machines à vapeur.

Dariès. — Cubature des terrasses. — Conduites d'eau.

Sidersky. — I. Polarisation et saccharimétrie. — II. Constantes physiques.

Niewenglowski. — Applications scientifiques et industrielles de la photographie (2 vol.).

Rocques (X.). — Alcools et eaux-de-vie.

Moessard. — Topographie.

Boursault. — Calcul du temps de pose.

Seguela. — Les tramways.

Lefevre (J.). — I. La spectroscopie. — II. La spectrométrie. — III. Eclairage électrique. — IV. Eclairage aux gaz, aux huiles, aux acides gras.

Barillot (E.). — Distillation des bois.

Moissan et Ouvrard. — Le nickel.

Urbain. — Les succédanés du chiffon en papeterie.

Lopré — I. Accumulateurs électriques. — II. Transformateurs de tension.

Aries. — I. Chaleur et énergie. — II. Thermodynamique.

Fabry. — Piles électriques.

Henriet. — Les gaz de l'atmosphère.

Dumont. — Electromoteurs. — Automobiles sur rails.

Minet (A.). — I. L'électro-métallurgie. — II. Les fours électriques. — III. L'électro-chimie. — IV. L'electrolyse.

Dufour. — Tracé d'un chemin de fer.

Miron (F.). — Les huiles minérales.

Bornecque. — Armement portatif.

Lavergne. — Les turbines.

Perissé. — Automobiles sur routes.

Lecornu. — Régularisation du mouvement dans les machines.

Le Verrier. — La fonderie.

Seyrig. — Statique graphique (2 vol.).

Laurent (P.). — Déculassement des bouches à feu. — Résistance des bouches à feu.

Jaubert. — L'industrie du goudron de houille.

Section du Biologiste

Letulle. — Pus et suppuration.

Critzman. — Le cancer. — La goutte.

Armand Gautier. — La chimie de la cellule vivante.

Séglas. — Le délire des négations.

Stanislas Meunier. — Les météorites.

Grehant. — Les gaz du sang.

Nocard. — Les tuberculoses animales et la tuberculose humaine.

Moussous. — Maladies congénitales du cœur.

Berthault. — Les prairies (3 vol.).

Trocessart. — Parasites des habitations humaines.

Lamy. — Syphilis des centres nerveux.

Reclus. — La cocaïne en chirurgie.

Thoulet. — Océanographie pratique.

Houdaille. — Météorologie agricole.

Victor Meunier. — Sélection et perfectionnement animal.

Henocque. — Spectroscopie biolog.

Galippe et Barré. — Le pain (2 v.).

Le Dantec. — I. La matière vivante. — II. La bactéridie charbonneuse. — III. La forme spécifique.

L'Hote. — Analyse des engrais.

Larbalétrier. — Les tourteaux. — Résidus industriels employés comme engrais (2 v.). — Beurre et margarine.

Le Dantec et Bérard. — Les sporozoaires.

Demmler. — Soins aux malades.

Dallemagne. — Etudes sur la criminalité (3 vol.). — Etudes sur la volonté (3 vol.).

Brault. — Des artérites (2 vol.).

Ravaz. — Reconstitution du vignoble.

Ehlers. — L'organisme.

Bonnier. — L'oreille (5 vol.).

Desmoulins — Conservation des produits et denrées agricoles.

Loverdo. — Le ver à soie.

Dubreuilh et Beille. — Les parasites animaux de la peau humaine.

Kayser. — Les levures.

Collet. — Troubles auditifs des maladies nerveuses.

Loubié. — Essences forestières (2 vol.).

Monod. — L'appendicite.

Delorme et Cozette. La vaccine.

Wurtz. — Technique bactériologique.

Bauy. — L'occlusion intestinale.

Laulanié. — L'énergétique musculaire.

Malpeaux. — Culture de la pomme de terre.

Giraudeau. — Péricardites.

Berthelot (M.). — Chaleur animale (2 vol.).

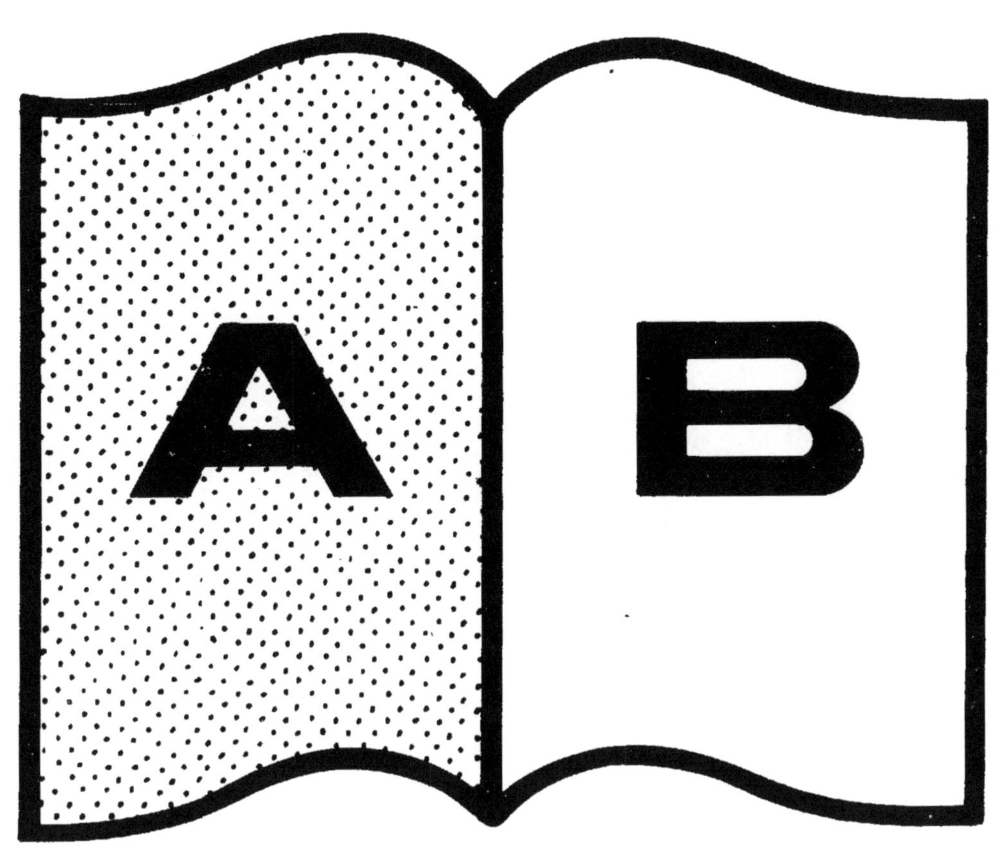

Contraste insuffisant

NF Z 43-120-14

www.ingramcontent.com/pod-product-compliance
Ingram Content Group UK Ltd.
Pitfield, Milton Keynes, MK11 3LW, UK
UKHW022209120726
13694UKWH00002B/472